愛知大学綜合郷土研究所ブックレット

⑯

川の自然誌
豊川のめぐみとダム

市野和夫

●目　次●

寒狭《かんさ》川(豊川《とよがわ》)上流のゆたかな自然

寒狭川源流域のクマタカ営巣地
とその雄姿（大羽康利氏提供）

国の天然記念物ネコギギの貴重な姿
（伊奈紘氏提供）

鳥獣保護区・寒狭川夢が淵のオシドリ

かつて寒狭川源流域の広い範囲がこの
ような森だった(秋の段戸裏谷原生林)

寒狭川のダム予定地付近の清流（表紙袖も）

のゆたかな姿

豊川河口に形成された六条潟（右）は、全国的に知られる二枚貝（左）の産地

河口付近の浅場に茂るアマモ（左）やコアマモ（上）の群落は貴重な生物生産の場

古戦場で知られる新城市長篠で
寒狭川（左）と宇連川（右）は合流する

寒狭川（豊川上流）は鮎釣りのメッカ
としても有名

母なる川・豊川

稔りをむかえるキャベツ畑。蛇口を開けば豊川用水からの水が出る

洪水時(下)には、築堤されずに竹藪となっている差し口(右上)から遊水地へと川水が浸水(右下)し、破堤を免れるという知恵が豊川左岸に現在も生きている

下流域では洪水流下能力を拡げるための河川改修工事が続けられている

ダム建設は持続可能な社会への道か

豊川総合用水事業で建設された大島ダムと富栄養化が進むダム湖（左）

設楽ダム建設予定地付近の景観

大雨による上流地域での斜面崩壊や沢抜け

寒狭川の水を豊川用水に導水する寒狭川頭首工下流の現状。設楽ダムによる開発水も寒狭川頭首工から豊川用水へ導水される予定

はじめに

私たちの目にする多くの川は、大雨の直後には濁流となるが数日のうちには透明な流れに戻る。都会の川を別にすれば、川の水が透明であることは、日本列島に住む者にとっては常識となっている。数年前に、中国大陸の奥地、黄河上流部の青海省を旅する機会があった。そこで目にした風景（写真）は、このような見かたを完全に覆すものであった。川の水は黄土色に濁って、川底には光が全く届かない様子だ。広々と草原が広がる高原地帯、長い年月をかけて浸食し、深く刻んだ谷の両岸の斜面には全く木が生えていない。ちょっとした雨でも、すぐに崩壊がおき、いたるところ土砂が押し出している。沢筋には砂利の山が堆積している。斜面から供給される土砂のうち軽い土壌粒子は流れ去って砂利が残っているのだ。沢水は大雨時の鉄砲水以外、砂利の下にもぐって見ることはできない。集水域から森林を失った川は、このような姿に変わってしまうのだ。この濁った黄河の水は、海まで流れ下って海水を土色に染めているのである。

黄土高原
森林を失った川の姿

黄土色に濁った海では、照度の不足で藻場は育たず、魚介類の湧く宝の海とはなりえない。

大陸の泥濁りの大河と比較してみれば、森林から生み出される清流は、日本列島の美しい自然を代表する筆頭に掲げるべきものだろう。このブックレットでとりあげる豊川は、愛知県では一番の、中部地方でも有数の清流として名が通っている。ところが、流域に暮らす私たち住民自身は、豊川の清流をあまりにも見慣れているので、その大切さを十分理解していないのではないかと思われる。そこで、第Ⅰ章では、山地の浸食、崩壊を防いで洪水を抑制し、豊川の清流を生み出す森林とそこに棲む多様な生命を紹介し、豊川が育む豊かな三河湾のめぐみについてとりあげる。以下、第Ⅱ章では過去に開発された豊川用水の功罪について、第Ⅲ章では現在焦点となっている設楽ダム建設事業を取り上げる。第Ⅳ章は、これまで無視されがちであった川と海のつながりと、ダムの海への影響についてまとめる。第Ⅴ章では、好適な自然環境を後世に残していくしくみについて考えてみることとする。

I　豊川のめぐみ

◉――豊川の自然とそのめぐみ

豊川集水域と命を育む水

豊川《とよがわ》は日本列島太平洋側のほぼ中央部に位置し、その集水域は愛知県内にすっぽりと収まるさほど大きな川ではないが、国土交通省の直轄管理する一級河川の一つである。図1を参照して愛知県の地形を西のほうから大まかに眺めつつ、豊川の位置を確認してみよう。伊勢湾に注ぐ木曽三川河口部に発達した濃尾平野、その東側には東濃から尾張《おわり》東部にかけて丘陵が標高を次第に下げつつ南下して知多半島に至る。さらに東に進むと、矢作川《やはぎ》が形成した西三河の平野を過ぎ、東・北方向に向かって次第に標高が高まり、高原状の三河山地となる。三河山地の東の端は、三河湾沿岸の幡豆《はず》から本宮山に連なる山並みで終わる。この山並みは伊那山脈の延長線上にある。その東側には、中央構造線（天竜川東沿いに南下し豊川の谷を経て九州に達する西南日本の基盤を内帯と外帯に分ける大断層帯）に沿ってできた豊川の浸食谷を挟んで弓張《ゆみはり》山脈があり、この稜線が静岡県と愛知県の県境となっている。弓張山脈は東海道の宿場として知られる二川《ふたがわ》付近で途切れるが、田原《たはら》市の蔵王山から伊良湖《いらご》まで続く渥美半島の山々は

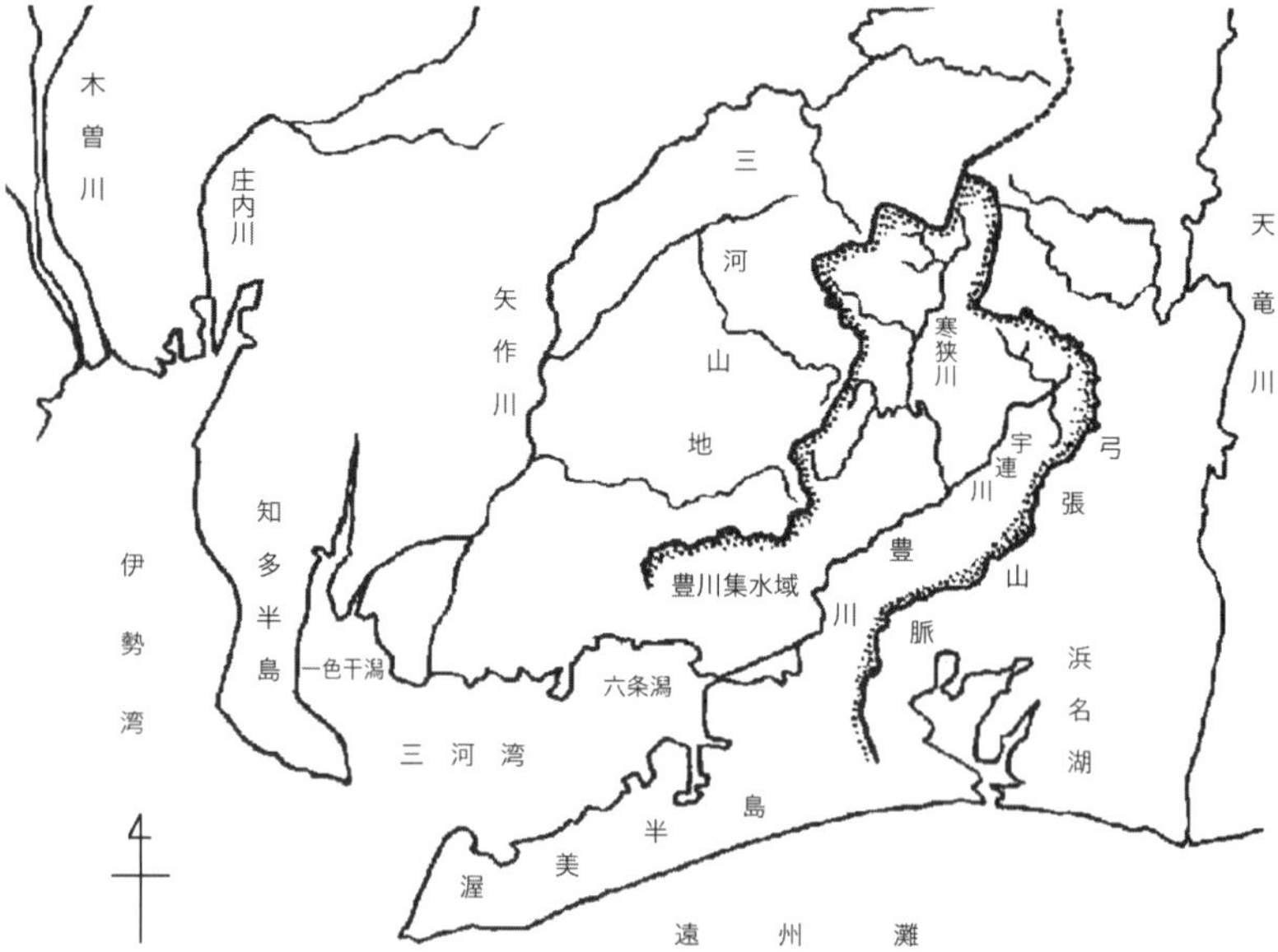

図１　豊川水系と周辺の地形・水系略図

豊川集水域は、西側を矢作川、東側を天竜川の集水域にはさまれている。

その弓張山脈の西の続きに相当する。矢作川は知多湾（三河湾西部）に、豊川は渥美湾（三河湾東部）に注ぎ、三河湾は中山水道を経て伊勢湾に開口する。伊良湖水道、すなわち伊勢湾口の外側、渥美半島の南側は遠州灘の外洋である。

豊川の上流域は二大支流に分かれている。中央構造線に沿って北東から南西方向にほぼ直線的に流れ下る宇連《うれ》川と、中央構造線の北（内帯）側で古い火山活動による噴火と陥没によってできた設楽《したら》盆地の西半分の水を集めて南下する寒狭《かんさ》川である。両者は、古戦場で有名な長篠《ながしの》地点（新城《しんしろ》市）で合流する（口絵）。二つの支流が合流した後、豊川は渓谷を刻んで流下し、新城市街地南側を少し下ったあたりから扇状地を形成して、狭い沖積平野（川の堆積作用で形成された平野）を蛇行しつつ渥美湾へと注ぐ、全長およそ七七kmの川である。

豊川の集水域（陸上に降った雨水は最終的には海に注ぐが、降水が河口へと流下するエリアをその川の集水域という）は、愛知県東部の静岡県境を東限とし、北東部は天竜川集水域に、西北部は矢作川集水域に接し、新城市石田地点上流の集水面積（石田地点めがけて降水が流下してくる範囲）はおよそ五四五平方㎞（豊川集水域全体ではおよそ七二四平方㎞）である。源流部の三河山地の標高は、およそ七〇〇ないし一一〇〇ｍの範囲にある。集水域の東側は、標高三〇〇ないし七〇〇ｍの弓張山脈が走り、集水域の北側には標高約一〇〇〇ｍの山地が立ちはだかる格好となっている。南側は三河湾と渥美半島の低地を経て、遠州灘の外洋へと開かれた地形となっている。したがって、台風などによる水蒸気を含んだ南風が吹きつける場合に、大雨となることが多い。平年の降水量は上流域山地においてほぼ二三〇〇㎜程度で、平地の一七〇〇㎜程度に比べて多い。山地への降雨は森林の樹冠で受け止められ、落葉の層で覆われた空隙の多い土壌にしみこんでいく。土壌にしみこんだ雨水は、植物の根系、土壌微生物、有機物を豊富に含んだ森林土壌の作用によって浄化され、ゆっくりと谷筋に湧き出してくる。降った雨のおよそ二〇％は森林からの蒸発と蒸散によって大気中に戻り、残りが流下する。石田地点上流の集水域に降った雨のうち、豊川に流出してくる水量は、およそ一〇億㎥で、この水が流域に住む私たちの命を育んでいる。

江戸時代から受け継いだ豊かな森に息づく生き物たち

寒狭川の源流域は、江戸時代には幕府直轄の御林《おはやし》として乱伐を免れ、豊かな森が維持されてきた。明治期に入って大面積の伐採を受け、スギ・ヒノキの人工林が広がったが、分水界（ある集水域と隣接する集水域の境界）を挟んで隣接する矢作川集水域に残されている段戸裏谷《だんどうらだに》原生林にはかつての豊かな森の面影が残されている（口絵）。標高およそ一〇〇〇ｍの高原に広がるこの原生林には、ブナ、ミズナラ、トチノキなどの落葉樹とモミ、ツガなどの常緑針葉樹の高木が混交し、イヌブナ、ヤマナシ、ナツツバキ、クロモジ、イロハカエデ、コバノハウチワカエデ、テツカエデ、ウリカエデなどの多くの亜高木が茂り、イワガラミ、ツルマサキ、ヤマブドウ、サルナシなどの蔓植物も絡みついている。ブナの林床には背丈を越すスズタケの笹薮が広がり、ふかふかと積もった落葉の層から、ギンリョウソウが純白の姿を見せる。朽木にはさまざまなキノコが育つ。かつての寒狭川源流域の森もほぼこのような姿であったと思われる。このような深い森が維持されてきたことで、寒狭川上流の集水域には、人工林が増えた現在でも森の王者とも呼ぶべきクマタカが繁殖を続けている（口絵）。オオタカ、ハイタカ、ツミ、ハチクマなど、中部日本の森林に棲むほとんどのタカ類も生息・繁殖している。また、森林から湧き出す水のため、真夏でも冷たい源流の細い流れでは、イワナが虫を食み、冷水性の両生類、ヒダサンショウウオ、ハコネサンショウウオなども見られるという。

寒狭川上流の豊かな自然

〈アマゴ〉

早春、積雪は少ない地域であるが、日陰部分に積もった雪がしばらく消えないで残る。渓谷の女王、アマゴを求めて、釣り人がネコヤナギのつぼみの膨らむ渓谷を行き交う。この地域の人々は、アマゴのことを「アメノウオ」または「アメ」と呼ぶ。この魚は、降雨後の川水に少し濁りが出た状態の時によく釣れることからこのように呼ばれるようである。雨後には、キジ餌（ミミズ）でよく釣れる。濁りが出るほどの降雨は、土壌の間隙をほとんど雨水が満たすので、溺れることを嫌ってミミズが土壌から這い出し、勢いの増した谷川の流れに巻き込まれてくる。これを狙ってアマゴの食欲が掻きたてられるのであろう。好天が続き、流れが透明で水量が少ない場合には、人影に敏感なこの魚を釣るのは難しい。

〈サツキ〉

六月、梅雨時の水量を増した渓谷の岸壁を彩るのは、サツキである。庭園を彩るさまざまなサツキは、この野生のサツキから改良されたものである。渓流沿いの森の中では、コアジサイやタマアジサイが開花する。

〈カワムツ、アブラハヤ〉

夏休みともなれば、谷川は子どもたちの遊び場に変わる。子どもたちが簡単に釣ることのできるのは、カワムツとアブラハヤである。この地域では「ブト」、「ハヨ」などと呼ばれ、雑魚釣りの対象である。カワムツは渓畔の木々から落ちて来る昆虫類を主な食餌にしているので、ゆるい流れのある淵の水面近くに静止して虫が落ちてくるのを待っている。静止しているといっても、水は流れているので、上流に向かって泳ぎながら、同じ位置にとどまっているのである。釣り針に小さな餌をつけて水面に放り込むと、たちまちその餌に向かって泳ぎ寄り、大口で餌をひと呑みにする。いち早く飛びつくのは、落下昆虫を餌とすることから、他の個体との早食い競争により発達した習性であろう。もたもたしていれば、餌にありつけない。したがって、この魚は、たやすく釣り上げることができる。いっぽう、アブラハヤは、淵の中でも流れの速い流心から外れて、淵の脇を反転した流れがゆっくりと上流に向かうような地点の水底近くに群れている。上流から流れてきたさまざまな小さな生物の遺骸などが沈殿してくる場所である。このような場所を選んで釣り糸を垂らせば、一箇所で次々に数を釣り上げることができる。カワムツほどには早食いではないがよく釣れる。

〈アユ〉

いっぽう、おとりや仕掛けの扱いが難しいアユの友釣りは、大人の夏の楽しみである。ここ、寒狭川上流は、この地方では、アユ釣りのメッカとして有名である（表紙・口絵）。寒狭川の下流部にある発電用堰によって天然アユの遡上は止められているので、漁協が毎年稚アユを放流しているが、森が生み出す清流の中で育つアユはおいしい。

なお、豊川の下流では、現在もアユの自然産卵が続いており、孵化した稚仔は三河湾に下って冬を過ごし、春には一〇㎝ばかりの稚アユとなって遡上するが、豊川用水等への取水が増え、水量が減ったため、友釣りができるような状態ではなくなった。アユは縄張りをつくって餌場を確保する習性をもっているが、川の水量が減り、縄張りを確保できる水面の広がりがなくなり、縄張りをもてない群れアユのままで秋を迎えてしまう状態となっている。

〈川虫、カワヨシノボリ〉

釣りに飽きて、早瀬の中に入り、水中の石をひっくり返して見ると、カワゲラ、カゲロウ、トビケラなど、釣り用語で川虫と呼ばれる水生昆虫の幼虫がへばりついている。時には、透明のゼラチン質の球形をしたもので、水滴のように先が尖った数㎜の大きさの粒が、平らな石の表面に塊になって付いているのを見つけることがある。ハゼ科の小魚、カワヨシノボリの卵塊である。発生が進んだものでは目玉が見える。上流域に棲むこの魚は、下流に棲むシマヨシノボリと比べて、大きな卵を少数産む。瀬石の裏側に産み付けられた卵塊は、孵化するまで雄親が面倒を見ている。そっと同じ位置に戻しておけば、雄親が戻ってくる。

〈ネコギギ〉（口絵）

ネコギギは、ギギ科に属する体長が一〇㎝ほどのナマズに似た小魚で、伊勢湾・三河湾集水域の河川上流部にのみ分布するこの地域の固有種である。河川改修などの影響で急減し、絶滅が心配されており、一九七九年に国の天然記念物に指定された。寒狭川上流には、このネコギギが普通に棲んでいる。といっても、よほどの幸運でもない限り、昼間の川でネコギギを見ることはない。川岸のえぐれた洞や淵の岩陰の暗闇に潜んでいて、夜間に水底に沿ってくねくねと泳ぎまわって川虫などを食う。

〈カワネズミ〉

まれに小型の動物が水面ではなく水中を泳ぐ姿を目にすることがある。泳ぎ方が異様で明らかに魚類ではなくカエルではないかと目を凝らすが違う。水中でも哺乳類特有の体毛が空気を保持するので、空気と水の界面で光が反射されて白く見える。カワネズミである。人家に棲むクマネズミほどの大きさで、名前にネズミが付いているがネズミのなかまではない。口は細長く尖り、水中や水辺で魚や昆虫を捕食する食虫類に属し、トガリネズミやモグラのなかまである。時に友釣りのおとりアユにかぶりついてくるとも聞く。

〈カワガラス〉

渓流の流れに入って餌を摂るカワガラスは、寒狭川上流部で比較的よく目にする鳥である。姿はこげ茶色で、濡れた石の色に似てめだたない。急流に臆することなく、瀬石に付いた水生昆虫を丹念に探してついばみながら、上流に向かって移動していく。天敵の近寄れない岸壁を選んで蘚苔を集めて球状の巣をつくる。

〈ヤマセミ〉

渓流に沿って直線的に飛ぶハトくらいの大きさの白っぽく見える鳥を見かける。淵の上に岸から突き出た木の枝がお気に入りの指定席で、とまったところを見ると、白黒まだらの羽に冠羽がめだつヤマセミである。淵の水面近くに静止しているカワムツが餌としてよく狙われる。崩れて間もない赤土が剥き出しとなった崖に穴を掘って営巣する。市街地を流れる川筋でも見られるカワセミと同じなかまであるが、ヤマセミは渓流の鳥である。

〈オシドリ〉（口絵）

オシドリは、森の大木の洞で営巣し、川や池で子育てをするカモのなかまである。秋冬には、谷川に落ちて流下し、淵に溜まるカシやナラのドングリを好んで食べる。鳥獣保護区になっている寒狭川の夢が淵（田峯《だみね》）では、一〇〇〇羽近くの越冬群が見られる。この越冬群には、マガモと絶滅危惧種のトモエガモも混じる。春から夏にかけて、数こそ多くはないが、寒狭川沿いの森で繁殖しているオシドリの番もいるようである。

森林の働きと上流の森の危機

①森林の水源涵養機能

山地の森林が降水の大半を地下浸透させ、ゆっくりと流出させることにより、水資源の利用が可能になっていることは、森林の保水・水源涵養機能としてよく知られている。もしも、この森林の働きが全くなければ、降った雨は、泥濁りの洪水流となってあっという間に海まで流れ出てしまい、水資源の利用は不可能である。造林して間もない林の水源涵養機能は弱いが、生長していくにしたがって次第に落葉の蓄積と森林土壌が発達して、降水はよく地下浸透するようになる。森林の生長とともに、洪水流は小さくなり、地下浸透した降水は、落葉、土壌、植物の根系と菌類を主とした土壌微生物の濾過作用を受け、ゆっくりと流出して清流を形成する。日照りがしばらく続いても、川の流量は急には減らず、安定してくる。

一方、森林の生長に伴って植物が根から吸い上げる蒸散と地面等からの蒸発を合わせた大気への蒸発散量は増加していく。降水量から蒸発散量（精確には、地下深部への浸透量も含める）を差し引いた分が川に流出してくる水量であるから、森林が十分に生長してくると、河川への流出量はゆっくりと減っていく。

②治山・治水と森林の保全管理

二〇〇〇年九月の東海豪雨の際に豊川集水域に隣接した矢作川集水域では、至るところ山腹崩壊が生じて、流木がダム湖を埋め尽くし、流入した土砂でダムの堆砂容量が満杯となるほどの被害が出た。造林してから間もない林や、比較的年数は経過しているが、除間伐されていないヒノキ林などが崩壊した。造林地では、苗木が十分に育つまで、降水の地下浸透は弱く、大雨の際は地表流によって浸食が進みやすい（口絵）。大面積の造林が行われた場合には、樹木が生長するまでしばらくの期間、下流での洪水規模が大きくなることはよく知られている。豊川集水域の場合にも、そのような関係が明らかにされている。近年、間伐などの手入れがなされていないヒノキ林では、土壌浸食が進んで山腹崩壊を起こしやすいことが明らかにされている。安価な輸入木材との競争により、林業経営が行き詰まり、森林の手入れが滞って久しい。林業の担い手も老齢化が進んで事態は深刻である。このまま、林業地帯の山林を放置し続ければ、災害発生の危険がますます高まる。持続可能な流域圏（集水域の自然と社会の全体）を創るためには、この問題の解決を避けては通れない。

したがって、流域圏において、洪水を制御し、かつ水資源を確保するためには、森林をどのような状態に保てばいいのか、長期的な見通しを持って保全管理に当ることが望まれる。

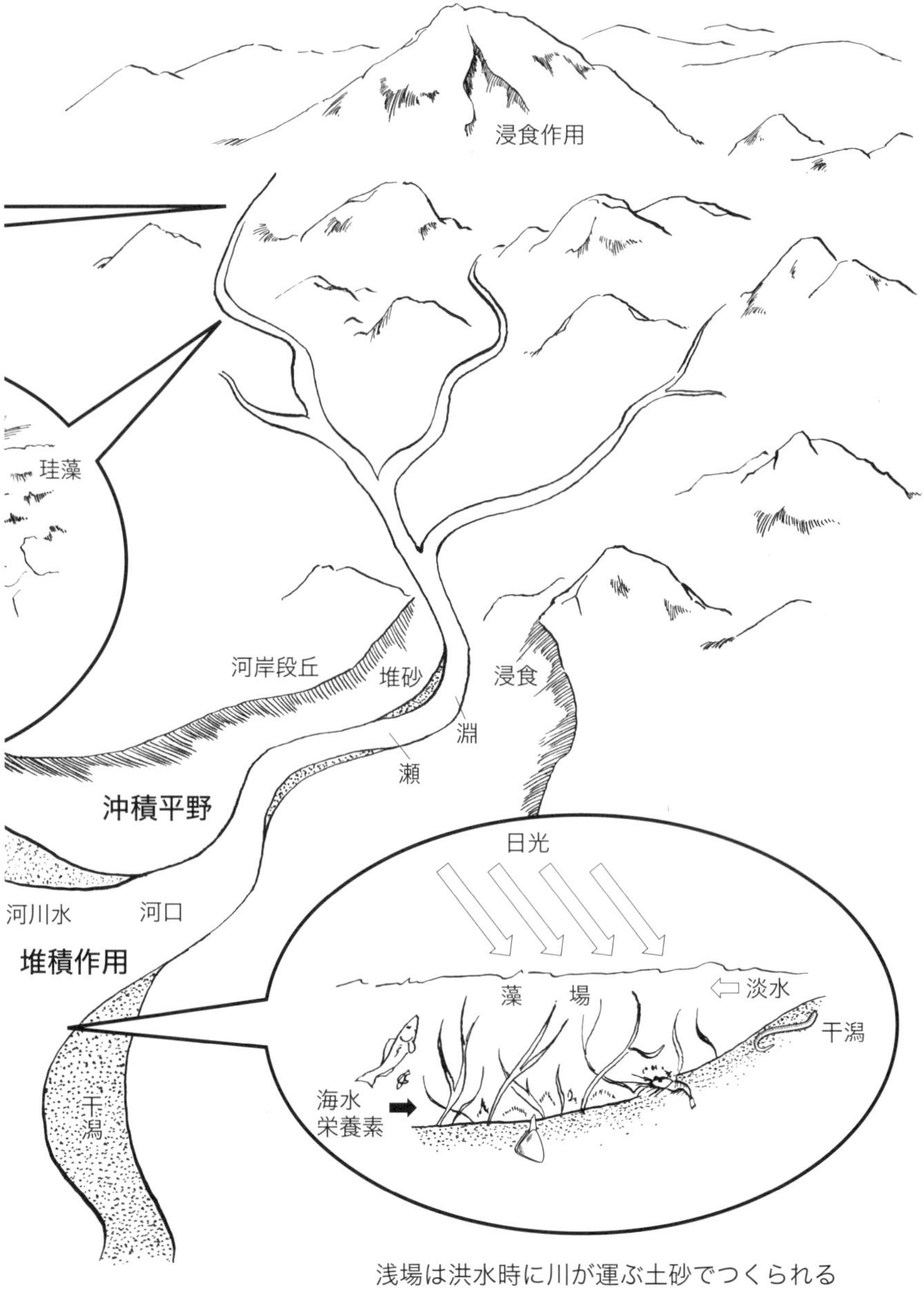

図２　森・川・海のつながりとめぐみ

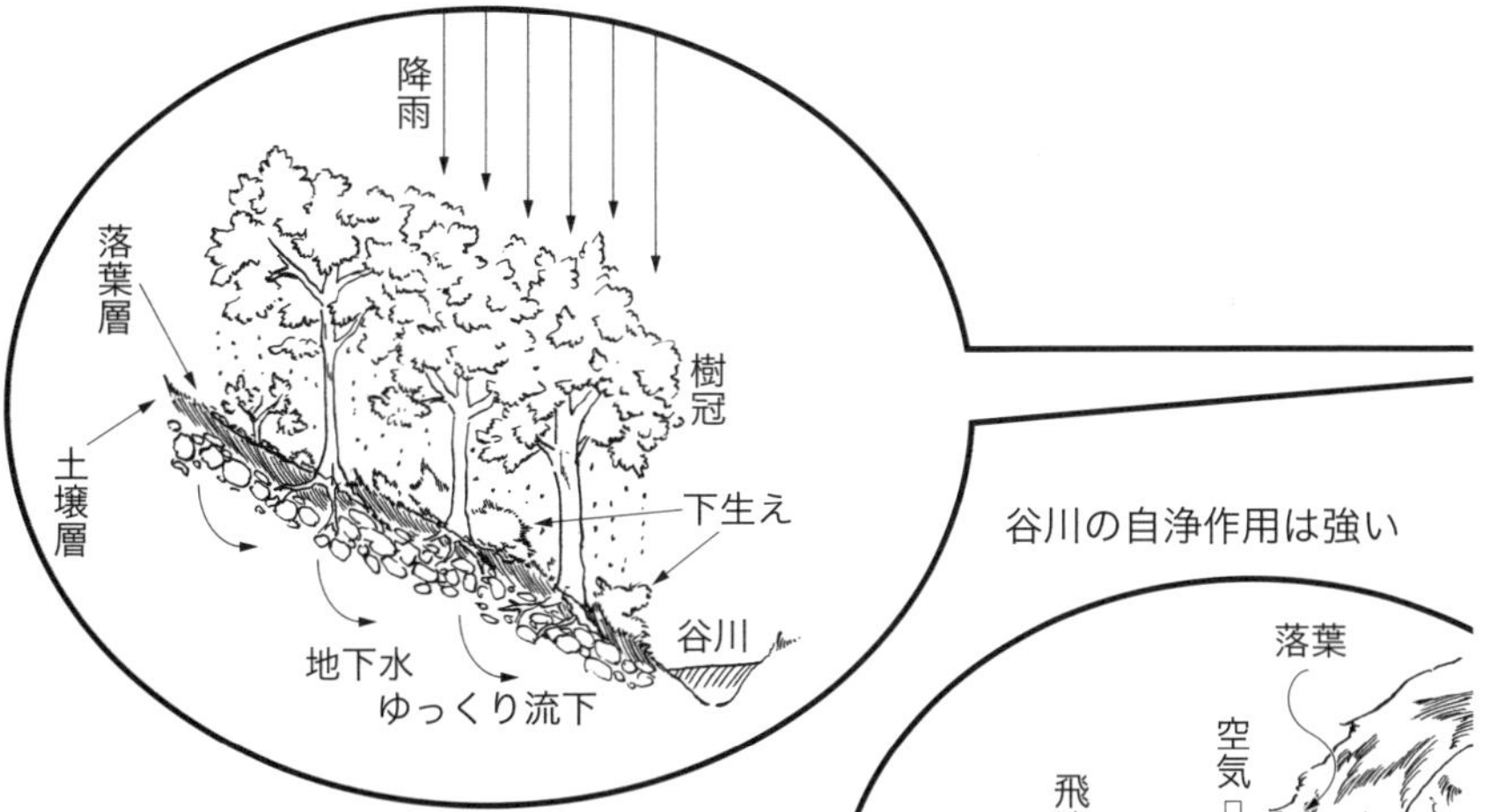

森は土壌浸食を抑え、
清流を生み出す

谷川の自浄作用は強い

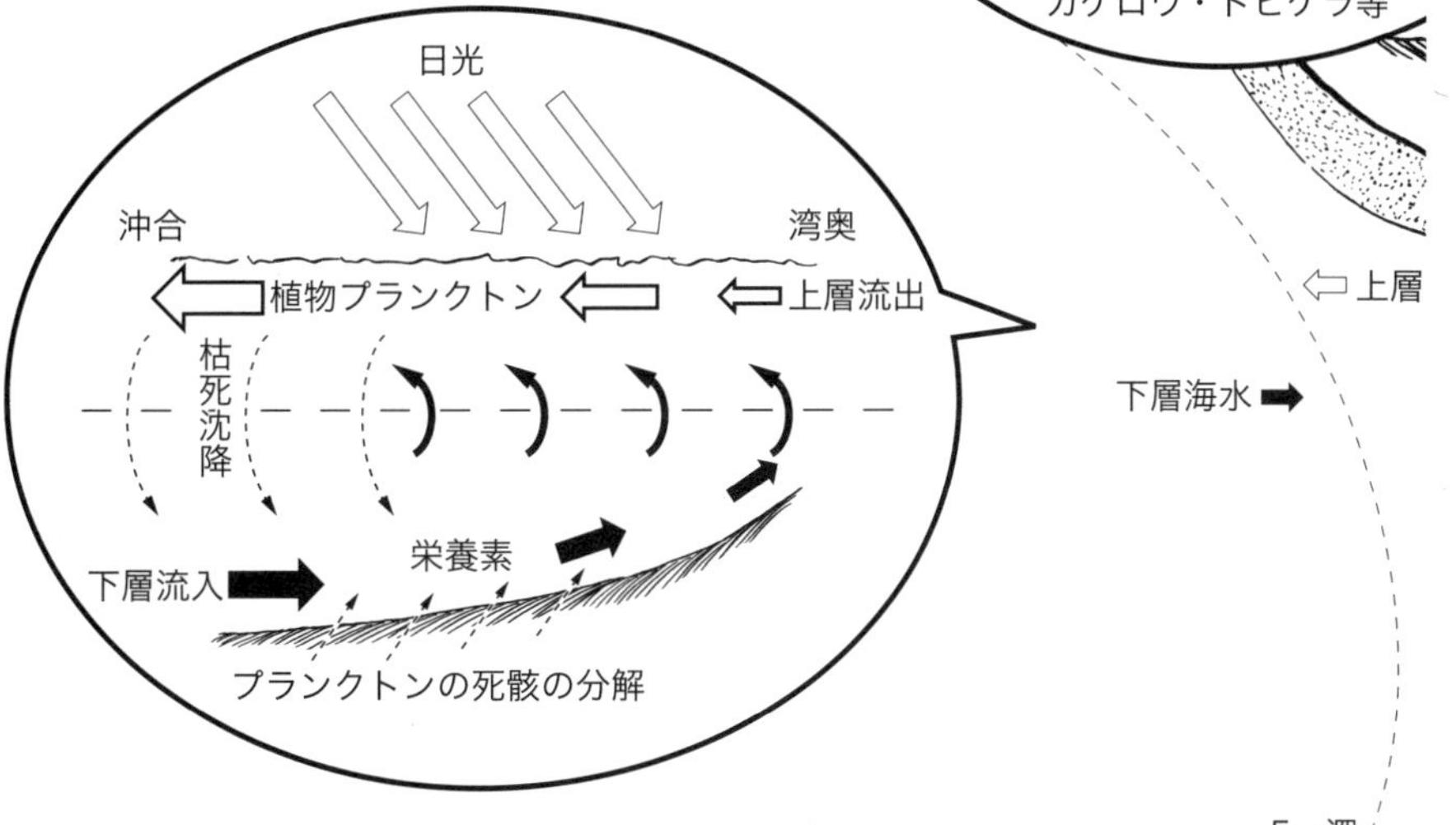

河川水はエスチュアリー循環の原動力

●――豊川が育む三河湾の幸

豊かであった豊川河口と六条潟の浅場（口絵）

豊川が三河湾へ流入する豊川河口一帯は、古くはハマグリの産地として知られてきた。豊川から供給される河口干潟の砂は、寒狭川流域から流下する領家花崗岩（中央構造線のすぐ内側を特徴付ける変成岩の一つ）由来のものが主で、粒が粗いのが特徴である。かつて、ハマグリが豊富に採れていた時代には、河口一帯の砂地から豊かな地下水が湧きだしていたといわれている。豊川の表流水ばかりでなく、粒の粗い砂地を通して豊富な伏流水（川は一般に目に見える表流水のほかに伏流水を伴う）が湧き出していたものであろう。中央構造線の南東側（外帯）の弓張山脈には石灰岩や蛇紋岩が豊富に分布するので、カルシウムやマグネシウムなどのミネラル分に富んだ川水や地下水が豊川河口一帯に流出してくる。ミネラル分に富んだ伏流水が湧く砂干潟は、ハマグリなど二枚貝の生育には絶好の条件となっていたものと推定される（口絵）。

河口から流入する淡水は、海水に比べて密度が小さいため、密度の差に基づく内湾の鉛直循環流（エスチュアリー循環）が生じる（図2、五四頁参照）。沖側から塩分が濃く密度の大きい海水が淡水の下に潜り込むように河口めがけて遡上し、密度の小さい淡水が海水を取り込みながら上（表）層を沖へ出て行く。このようにして起こる鉛直循環流は、湾底に沈殿・蓄積しているチッソやリンなどの栄養塩類（植物が生育するのに必要な塩類）を河口付近の浅場（光合成が行われる程度に光が届く浅い水域）に還流し、再び生物生産に回す作用があり、三河湾の高い生産力の裏づけとなっている。つまり、豊川から流入する淡水は、それに溶け込んでいる陸域からの栄養塩類はもちろん、エスチュアリー循環を引き起こすことによって、沖側の海底に溜まっている栄養塩類をも河口浅場にもたらすことから、アマモの生育や海苔生産などの一次生産に決定的な役割を果たしているのである。さらに海水は河口から豊川の下流部をおよそ一〇㎞ほど淡水の下に潜り込んで遡上し、塩水くさびを形成している。この塩水くさびは河川流量や潮汐の周期的変動に合わせて変化している。淡水が海水と接触する汽水域においては、淡水に溶けて流下してきた有機物は塩水中で沈殿を起こし、付着藻類などのはがれた浮遊物などと混合して潮汐にしたがって往復移動している。このような沈殿物は、汽水域に生息するヤマトシジミを育んでいる。

こうして川と沖から豊かな栄養塩類が供給され、明るい陽光の届く浅い海域で一面に生い茂るアマモの群落（水中草原、藻場　口絵）は、過繁茂になって枯れ始めるころに、人々に刈り取られて、海沿いの村々の麦畑などの肥やしとなった。伊勢・三河湾一帯の海苔の養殖は豊川河口の六条潟で始まったが、漆黒の艶のある海苔は高値で取引され、村々を潤した。浜辺の砂利かと間違えるほど多量に発生するアサリの稚貝や巻貝のヒサゴは、袋づめにされ、肥料として出荷されるほどであった。浅い藻場にはサヨリやクルマエビなどが産卵に訪れ、湾内の至るところが豊かな漁場であった。かつて、全国の内湾で東京湾についで二番目の漁獲高（金額）を誇っていた三河湾の高い生産力は、光が底まで届く浅海が広がり、閉鎖性が強く栄養塩が湾内にとどまりやすい三河湾の地形特性に加えて、以上に見てきたような湾奥に流入する豊川（や矢作川）の淡水の働きによるものである。

重要港湾・三河港の開発で、浅場の多くが埋立や浚渫で失われた結果、日本一の汚濁の海と化した現在でも、六条潟で毎年発生する数千トンのアサリの稚貝は、伊勢湾・三河湾のアサリ漁場へ供給される種仔《たねこ》として、愛知の漁業を支えている。

II　豊川の開発の光と影

◉――豊川用水による農業の発展

宇連ダム

豊川水系の最初のダムとして一九四九年から宇連《うれ》ダムの建設工事が始まり、一九五七年に完成、これを水源として豊川用水の全線（図３）が完成・通水したのは一九六八年であった。豊川用水事業は、第二次世界大戦後の食糧難時代の一九四七年に、米の生産高を上げるための水田灌漑用水を確保する目的で、農林省の直轄事業として始まったが、完成時点では、高度経済成長の盛りの時代を迎えており、工業用水と上水道の供給を行う県営水道への給水も兼ねる事業に変更された。

豊川用水が東三河地域へ与えた効果の最大のものは、豊橋市南部から田原市（旧渥美郡赤羽根町と渥美町を含む）にかけての野菜・花卉を中心とした大産地の形成であろう。かつて、貧弱な小松の混じるススキやササ原が広がっていた渥美半島の丘陵・原野が広大な畑に開墾され、灌漑用水と化学肥料を使うことによってハクサイ・キャベツ・ブロッコリー・スイカ・メロンなどの大産地として生まれ変わった

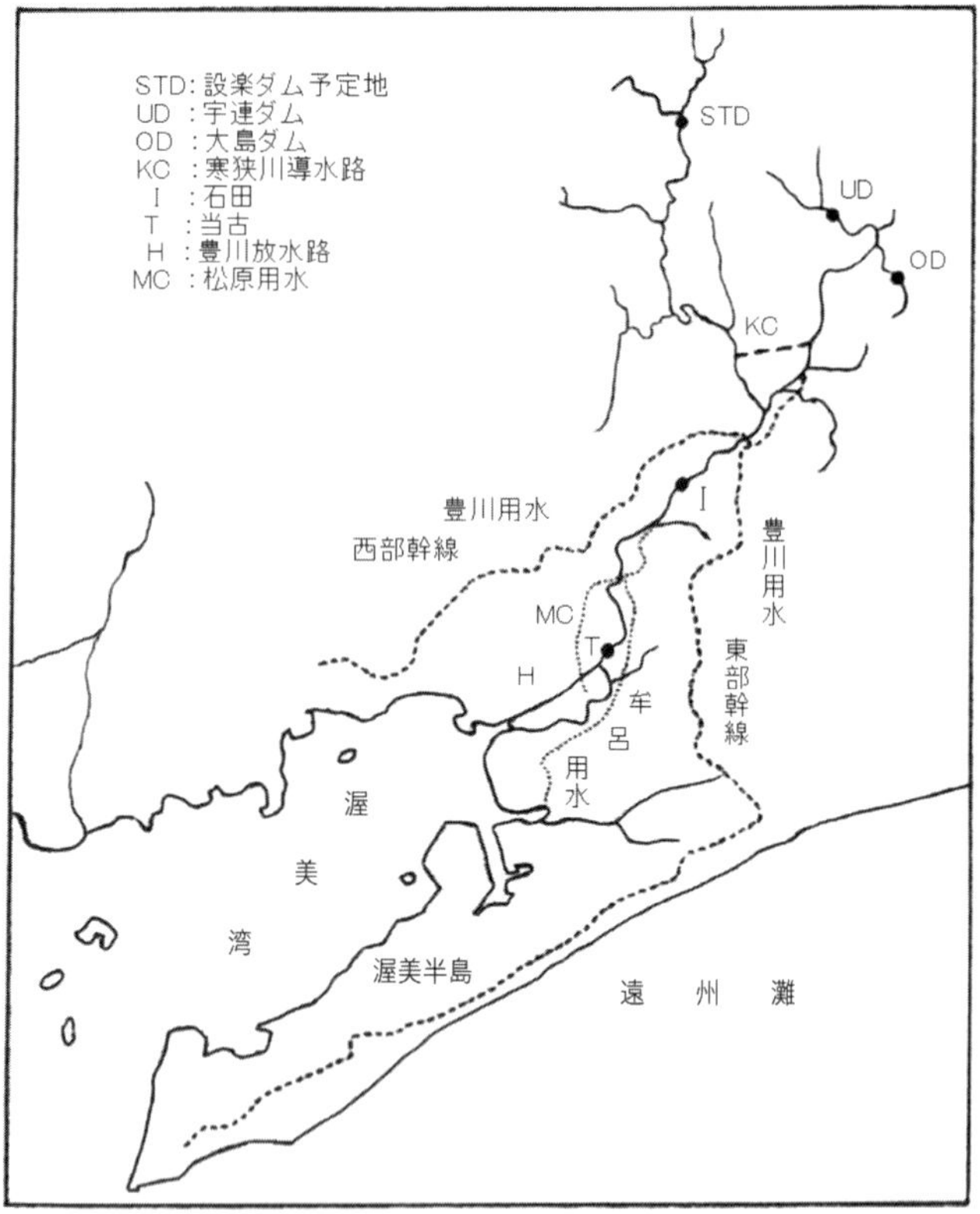

図３　豊川水系と幹線用水路
川の規模に比べて用水規模が大きい。

(口絵)。とりわけ、温暖な海洋性気候に適した冬野菜の産地として、首都圏や中京圏の大消費地の需要を賄っている。開花時期を人工照明によってずらして、市場価格の高い冬季に出荷する電照菊のような花卉栽培が可能になったのも、豊川用水の賜物であった。二〇〇五年の全国の市町村別農業生産額をみると、一位が田原市で七七九億円、六位を豊橋市の四九五億円が占めている。野菜の産出額では、二位の豊橋市が二四八億円、三位の田原市が二二四億円である。花卉産出額の一位は田原市の三六五億円が占め、二位以下を大きく離している。豊橋市は三七億円で六位である。

◉——ダム・堰・導水路の影響

宇連ダムが造られ、豊川用水の取水地点である宇連川の大野地点の集水域だけでは水源が不足することから、分水界を越えて天竜川水系から流域変更による導水が行われた。天竜川水系からの導水路は、支流の大入川《おおにゅう》と振草川《ふりくさ》から宇連ダム（鳳来《ほうらい》湖）へ直接導水するものと、天竜川本流の佐久間ダム湖から、宇連ダム下流へ導水するものの二系統が造られて、運用されてきた（図4参照）。

大野頭首工下流
堰の下流で水がまったく流れない

豊川水系のダムによる河川環境への影響には、次のようなものが挙げられる。①宇連川の最上流の狭い渓谷にダムができ、天竜川水系からの流域変更分も含めて、ダムの放水時には、本来の水量をはるかに越える激流が谷川を流れるために、放流稚アユはおろか、本来生息しているはずのカワムツなどの魚類まで含めてすべてが流されてしまう状態となっている。特に、佐久間ダム湖からの導水時には、毎秒一〇㎥ものシルト濁り（砂と粘土の中間の粒子による濁り）の青白い濁流が、狭い渓谷を流れ下る。宇連川漁協では、放流した稚アユがいなくなってしまうので放流事業を見合わせざるを得ない事態となり、負債が増えるいっぽうなので、漁協の解散を考えるところまで

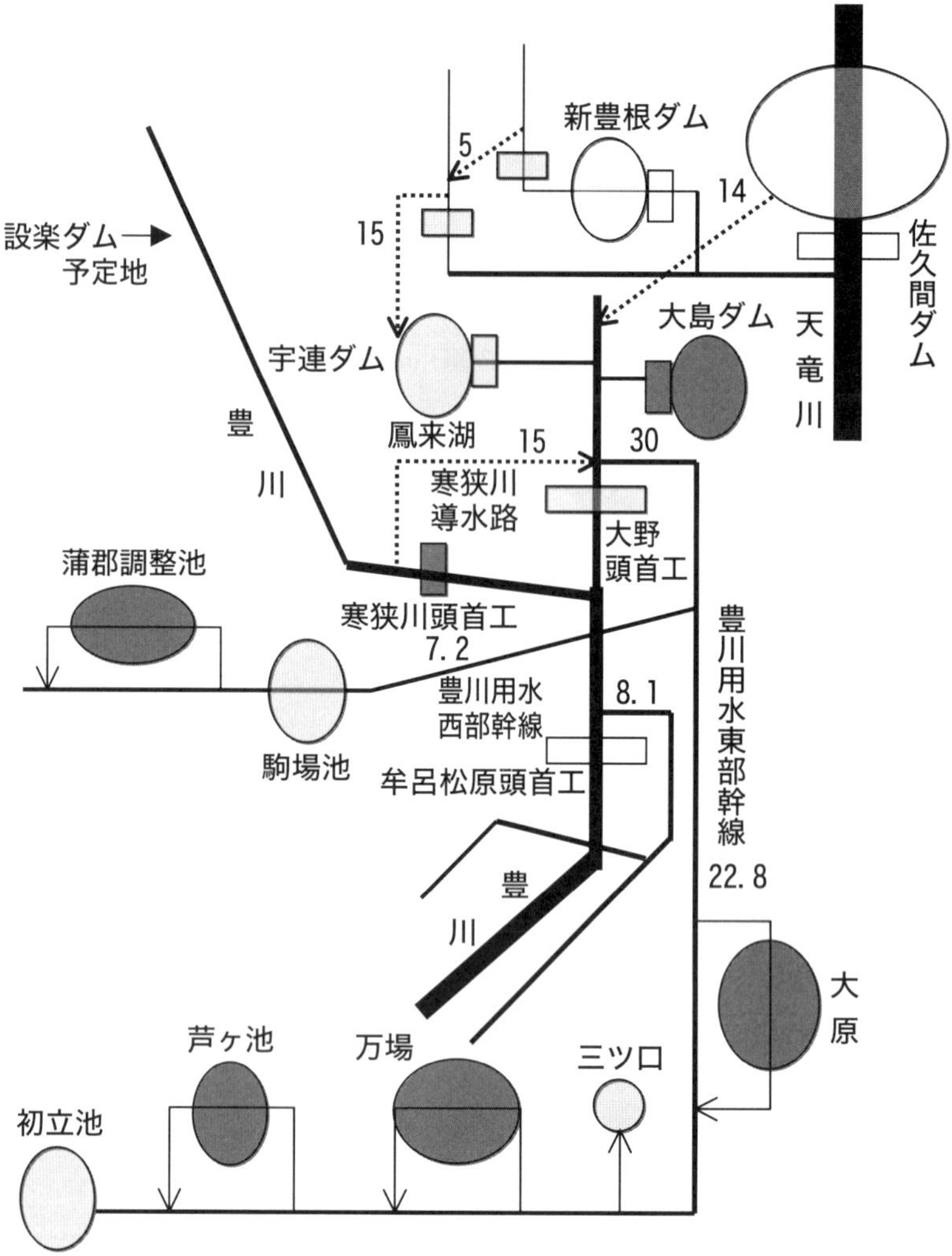

四角形：ダム、取水堰（頭首工）
楕円形：貯水池（ダム湖、調整池）
薄い着色：豊川用水事業の水源施設
濃色：豊川総合用水事業で付加された水源施設
数字：最大流量 m³/秒

図４　豊川用水・総合用水系統図
豊川総合用水事業で供給能力は大幅に強化された。

追い込まれている。②ダムからの放水がない場合、ダム直下流の宇連川は、水量が極端に減って、水がほとんど流れない。③豊川用水の取り入れ口、大野頭首工（頭首工は取水用の堰）の下流に大雨時以外には一滴の水も流れない状態が続いてきたことである。ダムから放流された水は、宇連川を流下して、自流水（ダム貯水によらない自然の河川水）とともに豊川用水大野頭首工から豊川用水の幹線水路に取水される。この取水施設は高さ一七ｍもあり、可動堰（水の流れを遮断する堰板を上げ下げできる堰で、固定堰と区別して呼ぶ）というよりはダムと表現した方がぴったりする施設である。以上をまとめてみると、宇連川は、川ではなくなって、ダムと水路でできた用水供給施設と化してしまっていることになる。そうして、かろうじて、牧原川、阿寺《あでら》川、黄柳《つげ》川などの小さな支流が、川の面影を残しているばかりである。

なお、後の節で述べるように、宇連川の支流大島川に建設した大島ダムの完成（二〇〇二年三月）により、宇連川上流域の自然度の高い渓谷はほとんど壊滅状態となった。

この他に、寒狭川の中下流部には、豊川総合用水事業によって一九九七年、寒狭川頭首工が建設された。また古くから、水路式発電用の堰が三か所ある。このうち、もっとも下流の堰は落差が大きく、アユなどの遡上を完全に妨げている。

◉――取水の影響

豊川用水事業が一九六八年に完成して以来、四〇年にわたり、愛知県東部東三河地域（静岡県西部の湖西《こさい》市を含む）に、豊川用水を通じて毎年二億五〇〇〇万㎥前後の給水が行われてきた。この間、農業用水については、配水施設の改良によって垂れ流しとなっていた配水池からの溢水（無効放流）を減らした結果、豊川用水幹線への配水量を四分の一近くも減らすことができている。水道用水は、市町が以前から利用していた井戸水や簡易水道の自主水源を放棄させ、県営水道への切りかえを迫る愛知県企業庁の誘導によって配水量が増えてきたが、近年は人口増加がほぼ止まり、節水型の洗濯機や水洗トイレが増えたこともあり、需要予測をかなり下回った状態で伸びは止まっている。工業用水は、循環再利用が増えたこと、地下水利用が行われていることにより、需要予測を大幅に下回っているばかりか、一九九〇年ころを境に減少に転じている。こうして豊川用水全体としては、四〇年間にわたる給水実績は、ほぼ一定の二億五〇〇〇万㎥（最大で二億七〇〇〇万㎥）程度で推移してきており、需要が増える傾向にはない。

豊川用水の完成後、当初の施設・設備上の不備などもあって、少雨年には宇連ダムの貯水率が低下することが増え、地元自治体では節水の呼びかけを行ってきた。実際に上水道の断水など実質的被害が起きることはなかったが、農業用水の需要期と重なった場合には、水圧低下に対応して、圃場へ順番に給水する「番水」のために、土地改良区役員の仕事は増えることがあった。こ

水が少ない豊川下流（牟呂・松原堰の下流）

表1　豊川用水・豊川総合用水のダムおよび取水施設一覧

事業	名称	流域面積 km²	有効貯水量 千㎥	備考
豊川用水	宇連ダム	26.26	28420	
	大入頭首工	75.57		制限流量2.61㎥/秒
	振草頭首工	72.64		制限流量1.44㎥/秒
	佐久間取水施設			年間最大50000千㎥
	大野頭首工	129.91	906	堤高26m　最大30㎥/秒
	牟呂松原頭首工	559.30		最大8㎥/秒
	駒場池	1.02	800	堤高24.6m
	三ッ口池	3.2	200	堤高12.5m
	初立池	0.66	1600	堤高22.5m
豊川総合用水	大島ダム	18.4	11300	堤高69.4m
	寒狭川頭首工	300		最大15㎥/秒
	大原調整池		2000	堤高47.9m
	蒲郡調整池		500	堤高43.2m
	万場調整池		5000	堤高28.6m
	芦ヶ池調整池		2000	堤高5.0m

(水資源機構「豊川用水」に基づいて作成)

のような状況に対応するため、愛知県と農水省の共同事業として、豊川総合用水事業が計画された。一九七八年から始まったこの事業は総額一一七〇億円を投入して、二〇〇二年三月に完成した。この事業の概要は、表1に示すとおり、既設の豊川用水施設に、新たに一つのダム、四つの調整池、および一組の取水施設（頭首工）と導水路を付加して、豊川用水への取水容量をおよそ五〇％も増強するものであった（豊川自流分を除いて計算）。

豊川用水の配水実績と、総合用水事業が計画通り取水を行う場合の二つの例を挙げて、豊川から三河湾への淡水流入量の変化によって、どのような影響が及ぶのか、検討してみよう。

豊川用水による取水が始まる以前の豊川（石田地点）の年流量は、平均一〇億七〇〇〇万㎥で、豊川用水の年間配水実績は、約二億五〇〇〇万㎥であり、その内、およそ九〇〇〇万㎥は天竜川水系からの流域変更による。したがって豊川から取水されるのは天竜水系からの流域変更分を差し引いた一億六〇〇〇万㎥であるので、豊川の流量が約一五%だけ減少したことになる。降雨後の洪水時に年流量の半分が流下して、残りの部分から一五%が取水されるものとすると、洪水時以外の普段目にする豊川の水量はおよそ三割減ることになる。とりわけ、用水の需要が多い夏季の水量減少は甚だしい。また、毎年の取水量はほとんど変わらないので、平年の半分程度まで降水量が減ることもある少雨年においては、豊川の流量減少は著しいものがある（図5）。

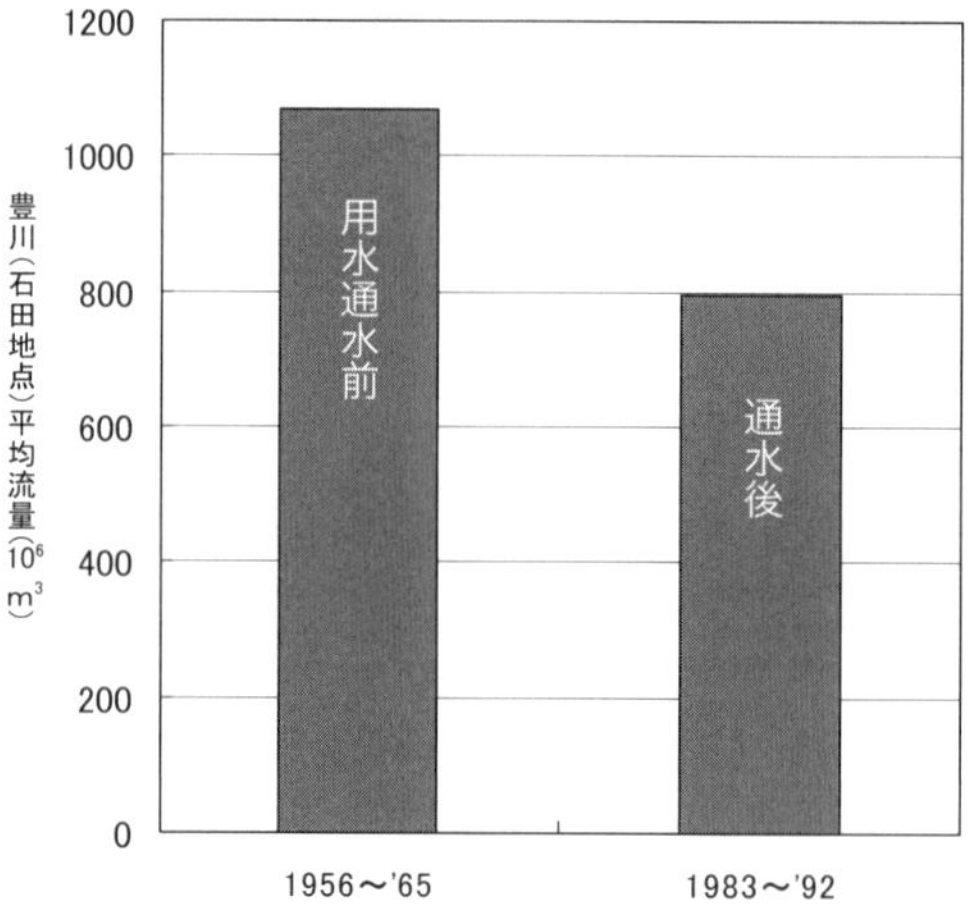

図5　豊川の年流量比較

（豊川用水の通水前後の各10年間平均）
豊川用水への取水で、豊川の流量はおよそ２割減少した。なお、1950年代は多雨期にあたり、流量が大きめに出ている。

豊川総合用水事業が完成した二〇〇二年度以降、計画取水量が三億八一〇〇万㎥に拡大された。この計画通りの取水が行われるものと仮定すると、天竜川水系からの流域変更分およそ九八〇〇万㎥を差し引いて、二億八三〇〇万㎥を豊川から取水することになり、豊川の取水率は二六%余となる。平年でも年間流量の四分の一を上回る水量の減少が起きることとなる。降雨後の洪水時を除けば、普段の河川流量は本来の水量の半分以下に減ると推定される。

河川流量の減少は、豊川下流部の河川生態系に大きな影響を及ぼしている。第一に、水質の悪化である。上流域に比べて、人口、家畜、農地などの汚濁負荷の密度が高い下流部の集水域から豊川に流入する負荷量が一定で、河川水量が減少すれば、汚濁負荷の濃度が上がり、水質汚濁が進む。第二に、水温の変化である。水量が減少して水深が浅くなり、流速が落ちれば、水温は気温の影響を強く受けることになる。特に夏の水温上昇は、溶存酸素（一定量の水に溶ける酸素の量は水温が高くなると減少する）の不足をもたらす。第三に、河川流量の減少は、自由水面を減らすので、水中生態系が縮小・退行する。第四に、通常の流量が少なくなるため、大きな洪水時以外に、普段は水に浸かっていない川原の面積が増え、草地や樹林が川原の中心めがけて進出する。第五に、これらの変化が総合されて、水中と河畔に生息する生物量や、生物種が置き換わるなどの変化がおこる。これらは、実際に豊川の下流部で起きている変化である。

また、用水への取水による豊川流量の減少は、渥美湾のエスチュアリー循環を弱め、湾内の物質循環や海水交換を弱めている。なお、河川のダムが海に及ぼす影響については、Ⅳ章において詳しく述べる。

◉――河川事業の影響

戦後の復興期から高度経済成長期にかけて、豊川でも川砂利採取が盛んに行われた。都市の建

表2　豊川下流部の河川（河道改修）事業

目　的	場　所	河口からの距離　km	左右岸の別	主な工事内容
水位低下対策	豊橋市大村町	7.6～ 8.8	右	低水路拡幅
	豊橋市石巻本町	13.4～13.8	左	樹木伐採
	豊橋市賀茂町	17.2～17.6	左	旧堤撤去
	豊橋市賀茂町	17.4～17.6	左	樹木伐採
	豊川市豊津町	18.4～20.4	右	低水路拡幅
	豊橋市賀茂町	18.4～19.0	左	旧堤撤去
	豊川市金沢町	19.8～20.8	左	旧堤撤去
	豊川市江島町	20.4～20.8	左	低水路拡幅
	豊川市東上町	22.0～23.0	右	低水路拡幅
	新城市一鍬田	23.0～24.8	左	低水路拡幅
弱小堤対策	豊橋市大村町	9.6～10.4	右	堤防強化

（豊川水系河川整備計画H13.11.28による）

造物や道路建設の資材として、多量の砂利が採取された結果、現在の河底は、二m以上低くなっているようである。近年では、治水事業として河道断面（両岸の堤防の間の横断面）を広げるために川原・河畔の浚渫が行われており、河川敷から土砂の除去が行われている（表2、口絵）。これらの事業が下流の河口干潟などにどのような影響を与えているのか、はっきりしたことは言えないが、長期的には河口干潟・浅場の地形などに影響が及ぶ可能性を考慮しておくことは必要であろう。河川の事業や管理にあたる関係者は、河口から内湾に供給される土砂が、内湾の環境形成に重要なかかわりをもっていることをよく理解して、沿岸管理や漁業の関係者と調整してことにあたる必要がある。本来、河川流域にある土砂は、遅かれ早かれ海域に流入する運命にあるのであって、人為的にそれを持ち去って、宅地造成や埋立に使う場合には、海域まで含めてその環境影響について慎重に検討してみる必要がある。河川事業で河川敷から除去する土砂の少なくとも一部は、河口付近の浅場地形維持のために使うことが必要であろう。

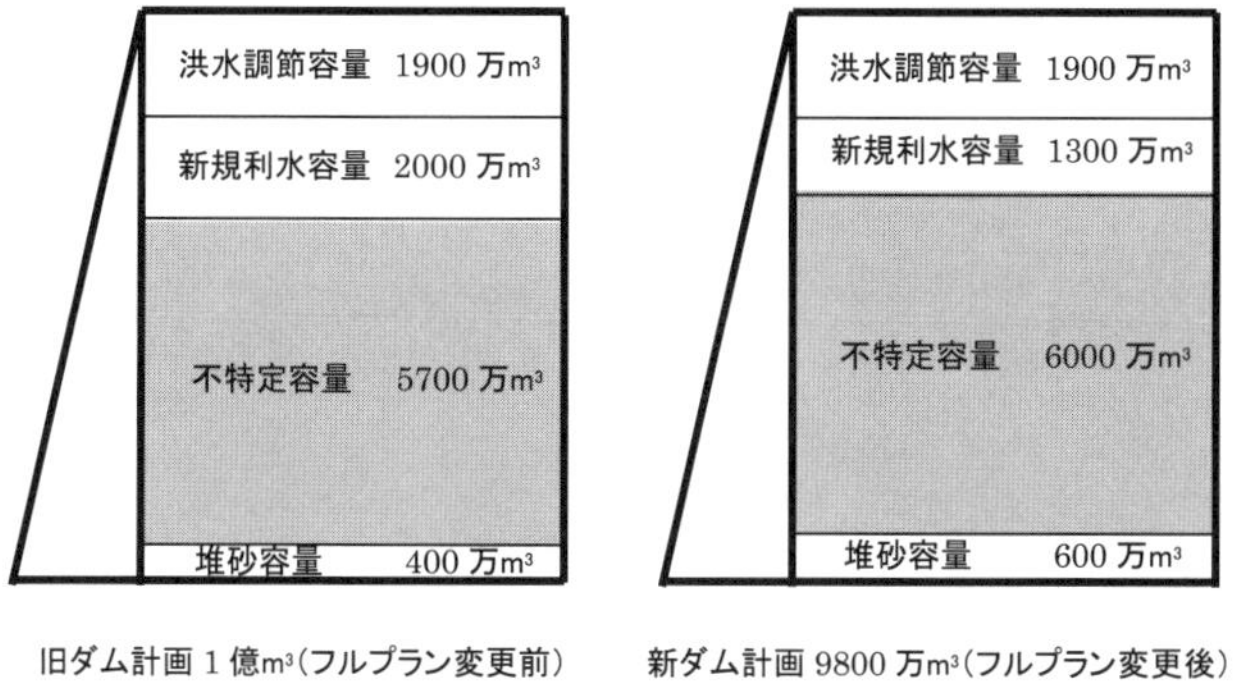

図6　設楽ダムの容量配分（新計画と旧計画の比較）
不特定容量が異常に大きい。

◉――設楽ダム計画の変遷

豊川水系寒狭川のダム計画のうち、上流の電源ダム、布里地区に計画された大規模多目的ダムなど実現に至らなかった前史は、スペースの関係で割愛する。現在の設楽ダム計画に直接つながる総貯水容量七〇〇〇ないし八〇〇〇万㎥の多目的ダム計画が愛知県によって地元に示されたのが一九七三年であった。その後、一九九八年に一億㎥にかさ上げされたのち、二〇〇二年に「事業実施段階」に進んだ。環境影響評価手続きに入っていた二〇〇六年には、豊川水系水資源開発基本計画（フルプラン）の全部変更に伴って、総貯水容量が九八〇〇万㎥に変更された。この変更は、総貯水容量で見る限り、二〇〇万㎥とわずかであるが、内訳（図6）を見れば、かなりの変更が行われていることがわかる。新規利水容量は二〇〇〇万㎥から一三〇〇万㎥へ三

表３　設楽ダム建設事業の目的

設楽ダム建設事業の目的	
1　洪水調節	設楽ダムの建設される地点において洪水調節を行い、豊川沿川地域の洪水被害を軽減させる。
2　流水の正常な機能の維持	豊川の流水の正常な機能の維持を図る。
3　新規水資源開発	愛知県東三河地域の農業用水及び水道用水の確保を行なう。

(国土交通省中部地方整備局の資料に基づく)

表４　設楽ダム建設事業の内容

事業の内容	
1　事業の種類	ダム新築事業
2　事業実施区域の位置	豊川水系豊川の愛知県北設楽郡設楽町内
3　ダムの堤体形式	重力式コンクリートダム
4　事業の規模	貯水面積：297ha (サーチャージ水位における貯水池の区域の面積)
5　総貯留容量	総貯留容量：約98百万m^3、有効貯留容量：約92百万m^3
6　ダムの堤体の規模	集水面積：62.2km^2、堤高：129m、堤頂長：400m、天端標高：448m、サーチャージ水位：標高444m、最低水位：標高377m

(国土交通省中部地方整備局の資料に基づく)

表５　ダムの供用に関する事項

ダムの供用に関する事項	
1　洪水調節	有効貯留容量92百万m^3のうち、約19百万m^3の貯留容量を利用して、設楽ダム地点の計画高水流量1490m^3/sのうち、約1250m^3/sの洪水調節を行なう。
2　流水の正常な機能の維持	有効貯留容量92百万m^3のうち、60百万m^3の貯留容量を利用して、渇水時の河川流量を牟呂松原頭首工(直下流)地点において約2m^3/sから約5m^3/sに、大野頭首工(直下流)地点において水涸れ状態から約1.3m^3/sにそれぞれ流量増加に努め、また利水安全度を概ね1/4から1/10に向上させ、安定した取水を可能にすることで、流水の正常な機能の維持を図るものとする。
3　新規水資源開発	有効貯留容量92百万m^3のうち、約13百万m^3の貯留容量を利用して、東三河地域における水道用水と農業用水合わせて約0.5m^3/sの新規取水を可能ならしめるものとする。

(国土交通省中部地方整備局の資料に基づく)

五％の減少、堆砂容量は四〇〇万㎥から六〇〇万㎥へと五〇％の増加、もともと五七〇〇万㎥と大きな値であった不特定容量が、六〇〇〇万㎥へとさらに拡大された。フルプランの変更に伴って新規利水容量が七〇〇万㎥減らされたが、堆砂容量と不特定容量を合わせて五〇〇万㎥増やすことで、一億㎥のダムの規模を二〇〇万㎥減らしたのみで、ほぼ維持したわけである。ダム規模がほぼ維持されたことを理由として、環境影響評価の手続きはそのまま続行された。なお、洪水調節容量一九〇〇万㎥は、フルプランとは関係しないため以前と変わっていない。表3、4、5に、事業者である国土交通省中部地方整備局が掲げる設楽ダム建設事業の目的、内容、使途について示す。設楽ダムの特徴をこれらの表から読み取るとすれば、目的は三つあり、その第一は、「流水の正常機能の維持」のために六〇〇〇万㎥の容量を当てること、第二は、洪水調節のために一九〇〇万㎥の容量を当てること、第三番目は、農業用水と水道用水の利水目的のために合わせて一三〇〇万㎥の容量を当てることとされており、「流水の正常機能の維持」を主たる目的とする全国でも初めてのダムである。

◉——まだ水資源の開発が必要なのか？

設楽ダムは、特定多目的ダム法（特ダム法）に基づく多目的ダム計画である。特ダム法は、高度経済成長政策の下で、水道用水開発、工業用水開発および／または電源開発のために、ダム建

表6　豊川水系水資源開発基本計画（フルプラン）新・旧比較

新フルプランでは、都市用水は渇水年の備えのためであることを示している。

	需要見通し（必要水量）m³／秒	供給目標 m³／秒	施設の建設(基本事項)	備考
旧計画	水道用水　2.3 工業用水　0 農業用水　3.1	5.4	1　設楽ダム建設事業 2　豊川総合用水事業 3　豊川用水施設の改築	1990年5月 計画決定 1999年11月 一部変更
新計画	水道用水　4.5 工業用水　1.6 農業用水　0.3	20年に2番目の渇水年で既設施設と新規を合わせて都市用水6.5 農業用水0.3を設楽ダムで	1　設楽ダム建設事業 新規利水容量1300万m³ 2　豊川用水二期事業	2006年2月 全部変更

設手続きを容易にするための法律として作られたものである。設楽ダム計画の根拠となっているこの法律の定めに照らしてみると、設楽ダム建設事業の場合、電源開発と工業用水開発は計画に含まれていないので、水道用水開発のみが法律上の根拠となっている。二〇〇六年二月のフルプラン全部変更（表6）の際の添付資料には、一〇年後（平成二七年）の豊川水系の水需給見通しに基づいて、設楽ダムで確保する水道用水の供給目標が、約〇・二m³／秒（最大流量）と示されている。すなわち、年間水量にして約六〇〇万m³の水道水を確保することが、設楽ダムの特ダム法上の根拠である。ダム湖貯水の年間の回転率を一・二とすれば、水道用水のための貯水容量は五〇〇万m³あれば十分である。実際には、その約二〇倍に近い総貯水容量、九八〇〇万m³という巨大な多目的ダムが建設されようとしているのである。

この設楽ダム計画がめざしている水資源開発が必要であるか否かの答えを出す前に、豊川水系の水事情について考察しておこう。

東三河地域に水資源を供給する豊川用水

豊川水系では、豊川下流の自流水を取水する水田灌漑用水として、中世に開発された松原用水（右岸側）と、明治中期に松原堰のすぐ上流に取水堰を設けて開発された牟呂用水（左岸側）があった。第二次世界大戦後に、農林省の灌漑事業として始まった宇連ダムを主な水源とする豊川用水事業が一九六八年に完成して、東三河の平野部全域および静岡県湖西市に給水してきた。完成時点では、愛知県が運用する県営水道・県営工業水道、ならびに農業用水と工業用水を供給する静岡県の湖西用水への給水をも行う形となった。水源の一部を天竜川水系からの導水で賄っているとはいえ、一級河川としては大きくない豊川から取水し、広い地域に給水するために、少雨年では、渇水騒ぎもたびたび経験することとなったが、供給計画に比べて、水道水および工業用水の需要ははるかに小さく、余剰分を農業用水が計画を上回って使う状態が続いてきた。これは、需要が計画を下回る工業用水と水道用水の余った水を、農業用水の需要を増やして使おうとの意図で、当初の用水計画には含まれていなかった畑灌漑を推進した農政によってもたらされた結果とみてよいだろう。渥美半島の丘陵地・原野を切り開いた広大な畑で、八月後半から九月半ばにかけて、熱く乾いた土に、秋・冬野菜の苗を植え付けるための灌水を行うのは、砂漠に水を撒くようなものである。水はいくらあっても足りない。加えて、農業用水の配水施設に欠陥があり、配水池が満杯になっても用水流入が止まらずに、溢れた水は側溝から排水路を経て川に流失して

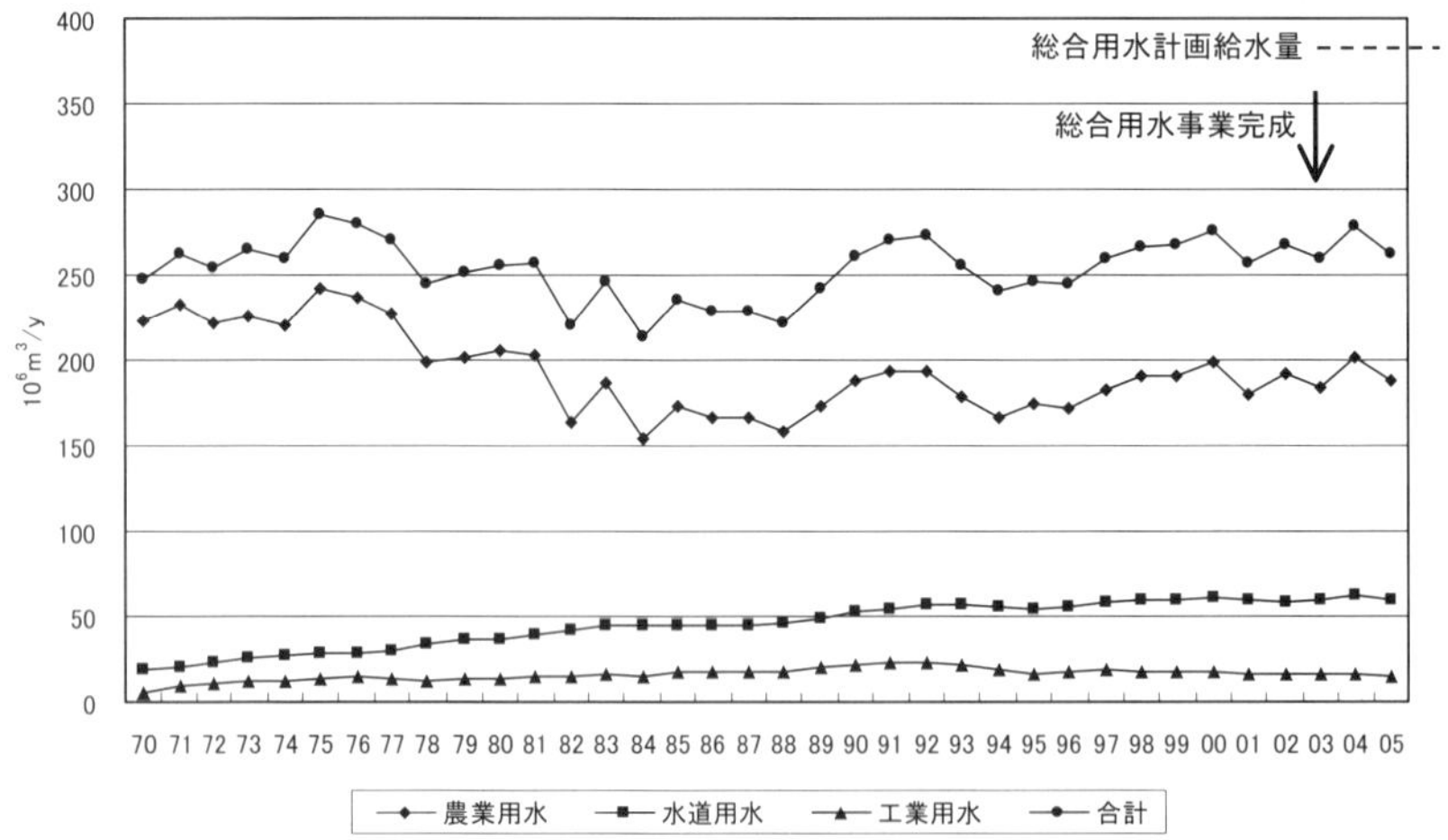

図7　豊川用水供給実績を大きく上回る豊川総合用水供給計画

2002年の総合用水事業完成後は、3億8100万m^3／年の供給が可能となった。

しまった。このようなことから、豊川用水は、完成後じきに慢性的な水不足状態を迎えたのである。この配水施設の欠陥問題は、その後、豊川用水関係者によって改良が進み、農業用水の給水量は、一九八〇年代前半までにかなり削減された。この間の豊川用水（牟呂・松原用水を含む）の農業用水・水道用水・工業用水の内訳別及び合計の供給実績推移を表示したのが図7である。以上のような経過から、豊川用水の供給実績は、当初から計画に比べて農業用水に比重が偏っていたが、水供給の総量はほぼ計画に近い状態で推移してきた。約四〇年間の給水実績は、右肩上がりではなく、ほぼ変わらずに推移してきたことが特徴である。

なお、一九九〇年ころまでの水道用水および工業用水の給水量は、絶対量は計画に比べてはるかに少ないものの、増加傾向にあった。ところが、一九九〇年代に入ると、状況が変わり、水道用水の給水量はほとんど伸びなくなり、二〇〇〇年ころには完全に伸びが止まった。工業用水は一九九一年ころにピークに達した後、ゆっくりと減少を続けている。農業用水についても、ほぼ一定の値で推移している。将来の需要の見通しはそれぞれの給水実績推移の延長上にくるものと推定できるので、最近一五年ほどの給水実績の推移からみて、新たな水源開発の必要はないと結論できる。

豊川総合用水事業による水源開発と豊川用水Ⅱ期事業

先に述べたとおり、農業用水の施設の不備からくる無効放流や、当初計画になかった畑灌漑の推進によって引き起こされた一九七〇年代の「水不足」への対策を理由として、豊川用水の完成後一〇年ほど経過した一九七八年に、新たな水源開発事業が始められ、ほぼ二〇年の年月と一一七〇億円の資金をかけて、二〇〇二年三月に完成した。これが豊川総合用水事業である。大島ダム、四つの大きな調整池の建設、および寒狭川の自流水を宇連川の豊川用水取水堰上流に導水する寒狭川頭首工（取水堰）と導水路の建設がその内容である（図4、口絵参照）。

さらに、総合用水事業がほぼ完成に近づいた一九九九年から、豊川用水Ⅱ期事業が始まっている。この事業は、建設してから四〇年を経て老朽化した豊川用水の水漏れなどの補修、地下部分の導水路の複線化などを行い、総合用水事業で完成した調整池に河川流量が豊富な時期に効率よく水を溜め込むのに必要な幹線水路・導水路の整備を目的とするもので、一一一五億円の予算をかけて、一〇年計画で進められている。

皮肉なことに、総合用水事業が完成したころには、水需要の増加はほぼ完全に止まり、新たに確保した八六〇〇万㎥の水資源は、そっくり余ることとなった。ただし、八・九月の水田と畑灌漑の水需要が重なる時期に、一時的に不足しがちな農業用水を、総合用水事業で造った調整池に蓄えた水で賄うしくみは、それなりにうまく機能しているようで、少雨年でも水不足の声はほとんど聞かれなくなった。

豊川総合用水事業の完成で水余りとなったわけ？

豊川総合用水事業計画が立案されたのは、まだ高度経済成長政策の見直しが行われる前の一九七〇年代後半であり、右肩上がりの思考が当たり前の時期であった。したがって、農業用水では、水田、畑とも、現実離れした大きな計画灌漑面積の数値が掲げられていた。水田六八〇〇ha、畑一一三〇〇ha、合計一八一〇〇ha（二回変更計画）が掲げられたが、目標年次である二〇〇〇年の実際の経営耕地面積は、水田が五七四九ha（計画の八四・五％）、畑は九五二八ha（計画の八四・三％）であった（図8）。ただし、灌漑面積について、計画と実績の間にこれだけ大きな差がありながら、農業用水の年間給水量は、約一億九二〇〇万㎥とほぼ計画値に近い値となっている（図7参照）。これは、農業用水の料金支払いの仕組みが、使用した水量あたりでなく、灌漑面積あたりで支払うようになっていることによるものと思われる。つまり、水を使えば使っただ

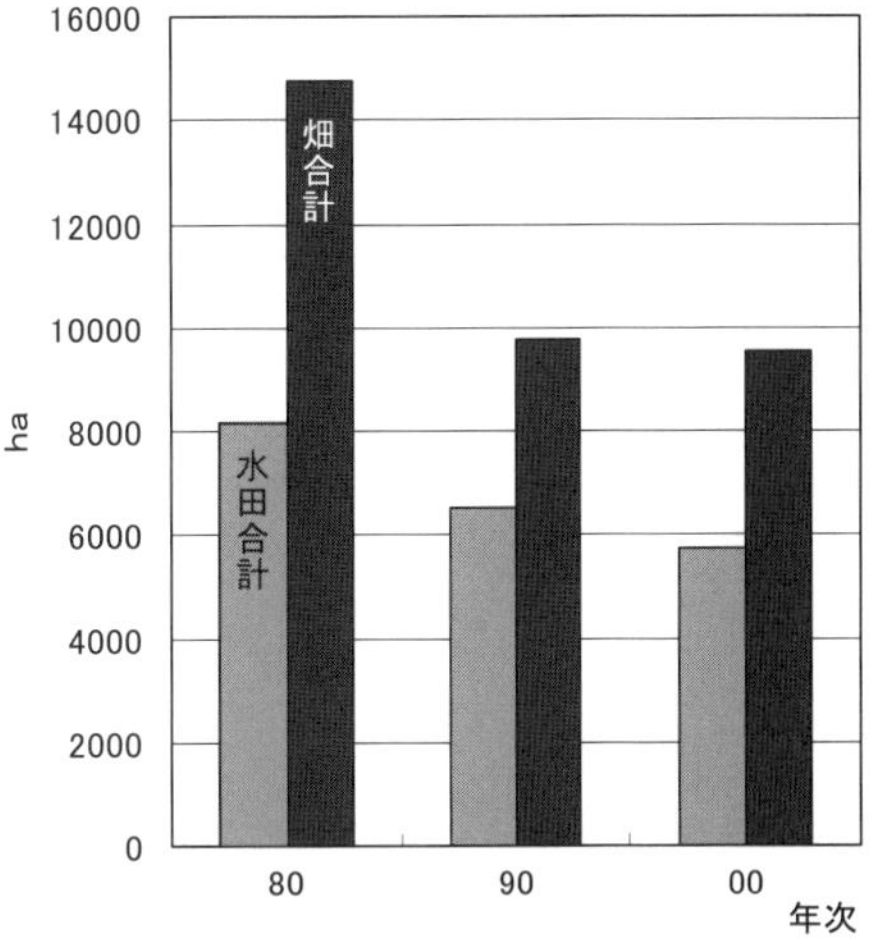

図８　減少する農地（経営耕地）面積
(世界農林センサスによる)

け割安になり、農家の節水意識が高まらず、節水の工夫がなされないことに起因しているように思われる。

水道用水の計画では、一人当たりの給水量すなわち原単位の見積りが大きめに設定されたほか、計画段階では、二〇〇二年実績より一〇万人以上多い八六万人を越える給水人口が想定されるなどしたこと、さらに節水型の洗濯機や水洗トイレが普及したこともあって、二〇〇二年の給水実績は、想定値の約五五%と低い水準にとどまっている。同様に、工業用水の計画では、再利用率の上昇と地下水利用などにより、給水実績は想定値の二一%にとどまっている。

以上を総合してみると、現在の豊川水系全体（豊川用水と豊川総合用水施設）としては、計画年間給水量三億八一〇〇万㎥に対して、給水実績は約二億七〇〇〇万㎥となっており、豊川総合用水事業で新たに開発した開発水量八六〇〇万㎥（図9）は、ほぼそのまま余っている勘定になる。この事業がすべてむだであったということはできないが、なぜこのように見通しが大きく違ったのか、しっかりと分析して、今後に活かしていくことが大切である。とりわけ現在、環境影響評価手続きを終えたとして建設事業にとりかかろうとしている設楽ダム計画は次の項で見るとおり、新規の水源開発をさらに積み増すものとなっており、抜本的な見直しが必要であろう。

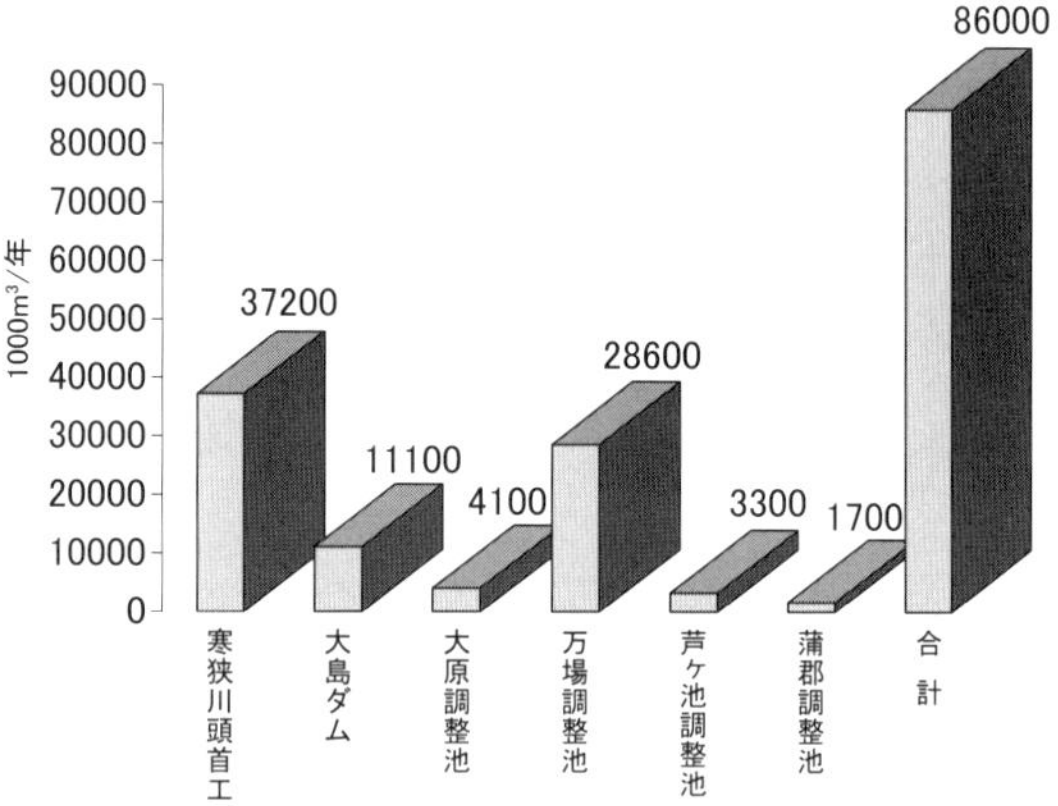

図９　豊川総合用水事業で開発された水源
（1000㎥／年）（水資源開発公団資料に基づく）

設楽ダムの新規利水計画は妥当なのか？

ここでは、水道用水と農業用水合わせて一三〇〇万㎥の新規利水容量について、はたしてこれが本当に必要であるのか否か、設楽ダムの建設計画を推進している国の主張を検討してみよう。豊川水系の水資源開発基本計画（フルプラン）の検討資料をみると、水道用水、工業用水ともに一〇年後の想定需要量に対して、豊川総合用水事業が完成した現在、すでに開発済みの水源で賄えることが示されている（表7）。ただし、二〇年に二番目の（一〇年に一回程度発生する）少雨年の際には、都市用水の供給可能量が想定需要量を下回る恐れがあるので、それに備えて、新規の水源開発を設楽ダムに求めるというのである。

先に豊川総合用水の計画値と実績値の差異がきわめて大きいことをみたが、このフルプランの想定需要量の算定根拠について、詳細を検討してみると、やはり現実離れした係数や仮定がなされており、水道用水と工業用水の供給実績の推移を基にこれらを精確に想定しなおせば、少雨年

表7　豊川水系における水資源開発基本計画（m^3/秒）

都市用水は既設の施設によって10年後の需要予測を満たしている。

	種別	水道用水	工業用水	都市用水合計
需要（H 27）	豊川水系への依存量	4.51	1.63	6.14
供給（既設）	地下水	0.56		0.56
	自流水	0.50	0.04	0.54
	豊川用水	2.66	2.43	5.09
	豊川総合用水	1.52		1.52
	豊川水系への依存量	5.24	2.47	6.71

（説明資料(1)より作成）

表8　豊川水系における水資源開発基本計画（m^3/秒）

農業用水はまだ新規開発が必要であるとされている。

	種別	愛知	静岡	農業用水合計
需要（H 27）	新規需要想定	0.34	－	0.34
供給	（未）設楽ダム	0.34	－	0.34
	（既）豊川総合用水	1.50	－	1.50
	（既）豊川用水	4.75		4.75
	合　計	6.59		6.59

（説明資料(2)より作成）

においても、既開発水源は枯渇しないと推定できる。

フルプランの新規利水には農業用水が過半を占めている（表8）ので、農業用水の需要想定も見直しておくことが必要である。フルプランの検討資料では、今後、溜池の減少や一部の水田地区で灌漑水の需要が増えること、施設栽培の増加などの要因を挙げて、灌漑用水の需要が増えると想定している。しかし、実際には、図8に示したとおり、農地面積は水田・畑ともに減少が続いており、農業所得からみても、拡大傾向にはない。これらのことから、将来的に農業用水が、現在以上に多く使われると想定することは困難である。

フルプランでは、特ダム法の根拠となっている水道用水（と工業用水を合わせた都市用水）

について、渇水時にも安定供給ができるように、設楽ダムを造って新規に水資源の開発をするとされている。設楽ダムができなければ、安定供給が不可能なのであろうか？　じつは、その答えはすでに示されている。表9に示すように、この地域では二〇〇五年に観測史上最少の降水量を記録した。名古屋地方気象台では、じつに一八九一年の観測開始以来一一四年間の最少記録であった。この年、豊川水系では、若干の節水は行われたが、水道や工業用水道での障害はもちろん、農業被害も皆無であった。豊川総合用水事業が完成したことにより、この地域の水供給施設は、一〇〇年に一度の少雨にも耐えられる状態に整備されていると判断してよいだろう。以上か

表9　年降水量の推移　（mm／年）

2005年は観測史上（名古屋は1891年以来）最小値を記録した。　　　）：欠測ありを示す。

西暦年	名古屋	伊良湖	作手	鳳来(新城)
1976	2029	1802	3246)	
1977	1367	1326	2031)	
1978	1104	1074	1802	
1979	1527	1928	2574	2039)
1980	1727	1237	2386	2218
1981	1525	1578	1989	2049
1982	1601	2339	3034	2854
1983	1628	1515	2659	2426
1984	1105	1069	1498	1364
1985	1590	1688	2598	2219
1986	1350	1419	1958	1897
1987	1235	1126	1975	1941)
1988	1590	1562	2326	1893
1989	1644	1856	2760	2536
1990	1904	1900	3008	2541
1991	1990	1908	2499	2102)
1992	1414	1788	2181	2080
1993	1727	1596	2497	2076
1994	1061	1189	1830	1748)
1995	1393	1590	2188	1653
1996	1157	1295	1876	1627
1997	1610	1462	2377	1649
1998	1980	2194	3254	2845
1999	1629	1639	2539	2055
2000	1736	1466	2525	2136
2001	1415	1659	2029	1817
2002	1083	1206	1731	1415)
2003	1905	1865	2873	2279
2004	1948	1894	2883	2069
2005	**901**	**1027**	**1406**	**1249**
2006	1612	1669	2626	2023

（気象庁アメダスデータより）

ら、設楽ダムによる新規の水資源開発の必要はないと結論できる。

●――「流水の正常な機能維持」容量六〇〇〇万㎥の万の怪
――「自然に優しい設楽ダムづくり」とは？

設楽ダム計画は他に例をみないユニークな計画である。「流水の正常な機能の維持」のために有効貯水容量の六五％、六〇〇〇万㎥を当てている（図6参照）。洪水調節（治水）容量一九〇〇万㎥を除いた利水容量七三〇〇万㎥のじつに八二％を占める。設楽ダム工事事務所が発行したパンフレットの表題に「自然に優しい設楽ダムづくり」とあるのは、このことを表現しているらしい。容量配分から見て、ダム建設の主目的が「流水の正常な機能の維持」にあるというのは、全国で初めての事例であろう。一億㎥の規模のダムを造る名目がなくなったので、「自然に優しくする」名目で計画の規模を維持しようということらしい。具体的にどういうことなのかを見てみよう。

先にみたように、豊川水系では豊川用水・総合用水事業によって、活発に水資源開発が進められてきた結果、宇連川の大野頭首工（豊川用水取水堰）下流では、約二㎞にわたって、大雨時以外、全く水が流れない川の区間ができてしまった。また、豊川下流の牟呂・松原頭首工地点の維持流量が毎秒二㎥と低く設定されてきたことも、最下流の水道水や工業用水の取水地点の塩水化を引き起こす要因として解決することが必要となっていた。これらの課題を解決するために、すなわち、過去の水資源開発で川の流量が減ってしまったので、これまでに造ったダムとは比較にならない大規模な設楽ダムを建設して、解決しようというのである。巨大な設楽ダムを造って、無傷で残されてきた寒狭川上流の豊かな自然（口絵）を壊し、水資源開発でさんざん痛めつけられた宇連川や豊川下流部の部分的再生のために、そのダム湖に溜まった水を流すというのだ。これがはたして、「自然に優しいダムづくり」と言えるのであろうか？　巨大ダムの建設による環境影響は甚だしいものがあり、既設取水堰下流の流況改善効果によって相殺できるというようなまやさしいものではないだろう（図10）。

　このような本末転倒したダム建設が認められるとすれば、今後、全国で自然に優しい「流水の正常な機能の維持」目的のダム建設が続々と行われ、自然環境の破壊はとどまるところを知らない事態になると危惧される。

水没
65km²の森・農地
120戸の集落
寒狭川の上流、境川、本谷川の渓流
ネコギギの棲みか
アユ・アマゴ釣りの名所
クマタカ・オオタカの棲む豊かな自然
河川環境悪化
ダム下流の寒狭川の劣化（洪水流の消失、濁水、富栄養化）
三河湾への影響
土砂供給の減少で干潟・浅場が劣化
河川水の減少で海水循環が衰える
富栄養化の促進
大野頭首工下流に1.3m³/秒を確保
牟呂松原頭首工下流に5m³/秒を確保

図10　「自然に優しいダム建設」と「ダムによる環境破壊」のどちらが重い？
ダム建設による深刻な環境影響が心配される。

◉——設楽ダムは水害を防ぐのに有効か？

設楽ダムの建設目的の一つに洪水調節が掲げられており、治水容量として一九〇〇万㎥が割り当てられている。治水容量とは、大雨時に一時的に水を溜め込んで、降雨が止んでから放水し、常には空けておく貯水容量のことである。設楽ダムの集水面積は約六二平方kmである。治水容量一九〇〇万㎥を集水面積で割ってみれば、集水域全域に降る三〇六mmの雨を全部溜めるのに相当する規模であることがわかる。多目的ダムの中で三〇〇mmを越える治水容量が配分されているのは、例外といえるほど少ない。つまり、治水の面から見ると、設楽ダム計画は、最上流部の小水域に一点豪華な治水ダムを造って大雨を溜めようとする計画に他ならない（図11）。このダム計画のために財源をつぎ込んで、下流の河道や堤防の整備が不十分なまま据え置かれれば、設楽ダムができたとしても、下流部の水害がなくなるとの保証はできない。なぜならば、新城市石田（基準点）の集水面積は約五四五平方kmであり、そのうち設楽ダムがカバーできる割合は、一一％に過ぎない。豊川水系の宇連と大島の二つの利水ダムには、洪水調節機能はない。したがって、石田集水域の残り八九％については、治水対策はなされていない。石田地点より下流部まで含めた豊川集水域でみると、設楽ダム集水域の比率は九％まで落ち込む。設楽ダムで、ダムより上流に降る雨をすべて受け止めたとしても、それだけの効果しかないのである。設楽ダムによる治水効果は限定されており、ダムを造ったとしても豊川の洪水の九割を治めることはできない。

近年、豊川下流部右岸側では、河道から溢れ出す洪水ではなく、堤内（集落側を堤内、堤防をはさんで河道の側を堤外と呼ぶ）に溜まる内水による浸水被害が問題となっている。短時間に集中的に降る雨は、市街地の排水能力を超えて浸水被害を引き起こす。右岸側で内水被害が目立つ理由は、不連続堤（いわゆる「霞堤」）を締め切ったことと関係がある。かつて、不連続堤を締め切る以前は、右岸下流部の沖積地は浸水の常習地帯であった。一九六五年に豊川放水路が完成した後、右岸の不連続堤は締め切られて連続堤に整備されたので、かつては毎年のように繰り返された洪水による浸水がなくなった。すると、次第に商店や工場などの事業所、さらには住宅が進出し、道路沿いに市街地が形成されてきた。連続

図11　設楽ダム集水域と豊川集水域
設楽ダム集水面積は石田地点集水域の11%、豊川集水域の9%にあたる。

堤を整備して洪水被害を防いだ区域は、もともと豊川の氾濫原であった低地である。その低地が市街化されて、ひとたび設計値を上回る大雨が降れば排水が間に合わずに、下水や側溝が溢れて内水による浸水被害が発生するようになった。

さらに、一〇〇年、一五〇年に一度の大洪水で破堤した場合には、人命に関わる甚大な被害が発生する恐れが強い。不連続堤の締め切り後、低地の市街化が進んだためこのようなリスクが高まっていることに注意が必要である。もしも、上流にダムができて、洪水の心配がなくなったという根拠のない安心感が広がった場合には、このリスクはさらに大きくなるであろう。

豊川の不連続堤・遊水地の重要な機能――豊川の治水の歴史を学ぶ

かつて豊川下流部には、左岸に四か所、右岸に六か所、合計一〇か所の不連続堤・遊水地が存在した（口絵）。一九六五年に豊川放水路が開削されてのち、右岸側下流の五か所が締め切られた。残った一か所の締め切りは遅れたが、現在では三河湾に注ぐ河口まで右岸は連続堤として整備されている。

いっぽう、左岸側四か所の不連続堤・遊水地は、現在も締め切られずに残されており、洪水時には遊水機能を発揮している。すなわち、大きな出水（口絵）の際に、河道の水位が高まると、支流合流点付近の築堤されていない隙間から堤内へ水が差してくる。差し口（口絵）から、堤内の低地（遊水地）に水が溢れる分、河道の水位上昇・洪水のピークは低く抑えられるのである。この差し口にはマダケやメダケが密生した薮が配置されており、洪水時に上流から流れてくる流木やゴミなどを濾《こ》し取る。支流が合流する付近は、豊川の古い河道跡に当り、沖積地の中でも一段と低くなっており、この部分に水が差してくるのである。浸水する低地は通常水田または畑として利用されているので、「遊水池」ではなく、「遊水地」とするのが正しいが、浸水した状態では池か湖のような風景となる。通常、流路が短い豊川の洪水のピークは、短時間で過ぎ去り、河道の水位が下がるにしたがって、堤内に溢れていた水は静かに河道に戻っていく。数時間浸水した程度では、水稲や里芋などの作物に被害はほとんど生じないのが普通である。浸水している間に泥水は栄養素が吸着した土壌粒子を沈殿させるので、農地を肥やす効果があり、豊かな沖積土壌の農地を維持するのに一役買っている。なお、このような沖積地で、古くから住居地区として利用されているのは、洪水時でも浸水しにくい自然堤防などの微高地で、浸水の恐れのある地区では、地盤をかさ上げして住居を建てている。

不連続堤・遊水地と「霞堤」

豊川の不連続堤・遊水地の配置（図12）は、中世に形づくられたものだとされている。河口から五㎞ほど上流の左岸にある吉田（明治の廃藩で豊橋と改名）の城下町を豊川の洪水から守るた

図12　1960年頃の豊川下流、吉田城地点の狭窄部と不連続堤・遊水地

図の下部の吉田城対岸をせり出して狭め、洪水を上流側に溢れさせて、下流の城下町の水害を防ぐ構造となっている。現在は、右岸側は連続堤に整備された。

めに、吉田城の対岸部をせり出して豊川の流れを狭め、洪水を上流側の牛川《うしかわ》・下条《げじょう》・大村《おおむら》などの遊水地に溢れさせる。遊水地だけで吸収しきれない大水の場合には、対岸の大村の遊水地に設けた一段と低い堤（乗越堤）から下地《しもじ》方面に越流させて、船町《ふなまち》など城下が水害を被るのを防ぐ工夫がなされていた。豊川の不連続堤は、上流側で洪水を河道から溢れさせ、下流の河道水位の上昇を抑えて、市街地の水害を防ぐ目的を持っていた。このような治水の方式は、江戸城下を洪水から守る利根川の治水でよく知られている。

豊川の不連続堤・遊水地について、河川管理者である国土交通省中部地方整備局豊橋河川事務所のパンフレットなどには、「霞堤」あるいは「霞」と表現されている。いつ頃からこの表現が定着したのか定かではないが、地理学者の有薗正一郎愛知大学教授の指摘するように、もともと地元で使われていた呼称ではない。

なお、河川工学者である大熊孝新潟大学教授によって明らかにされたことであるが、不連続堤には、勾配の大き

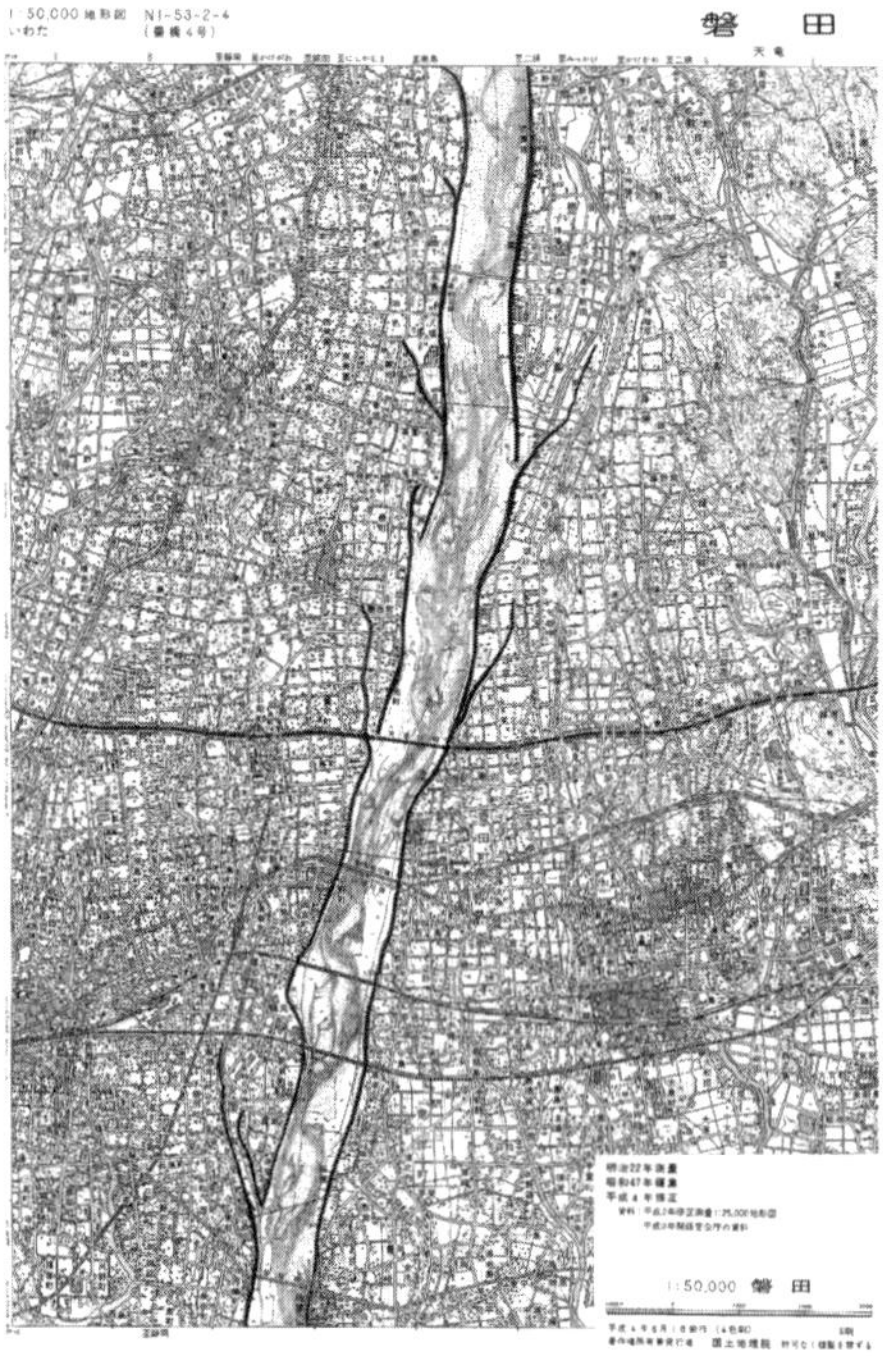

図13　急流河川における霞堤の例（天竜川の扇状地）

上流の堤が切れた場合に、下流の堤で洪水を河道に戻して乱流を防ぐ。

い扇状地の急流河川で、上流側の堤が破堤した場合に、その直下の堤によって洪水流を河道に戻す雁行型のものがある（図13）。この型の不連続堤は、河道を固定して乱流を防ぐ機能を持ち、豊川の場合のような遊水機能はない。複数の不連続堤が部分的に重なって並立する形が霞組を連想させることから、「霞堤」の呼称が似つかわしい。近代になって導入された「霞堤」の名称は、本来、扇状地急流河川の雁行型の不連続堤に対して付けられたものと考えられる。したがって、大熊教授が提唱するように、遊水地へ洪水を導く役割を担う豊川下流の不連続堤には、「霞堤」の呼称は使わないで、その機能を明瞭に示す、「不連続堤・遊水地」の表現を使用するのがふさわしいと思われる。

◉――豊かな自然のめぐみを壊す設楽ダム建設

巨大ダムの建設は川を分断し、川の生きものの移動を遮り、物質の流れを変える。海から川の源流まで行き来するウナギやアマゴ（サツキマス）の通り道は確実に閉ざされる。

ダム湖に沈む寒狭川（豊川上流）の上流域からダム直下にかけては、これまで大きな河川工事もなく、良好な自然の河川環境が維持されてきた（口絵）。そのため、国指定の天然記念物で絶滅危惧種のネコギギをはじめ、カワガラス、ヤマセミ、カワネズミなど、自然度の高い河川でないと見られない多様な生物種が、現在でも普通に生息している。またその集水域には、絶滅危惧種の大型猛禽クマタカが繁殖しており、一つのペアの繁殖区域が水没予定地にかかっているほか、他のペアの繁殖区域では、直近を付け替え道路が通る予定となっている。オオタカ、サシバ、ハチクマなどの猛禽類の繁殖も行われており、餌となるノウサギ、ヤマドリ、ヘビなどの棲む豊かな自然が広がっている。ダム建設は、豊かな集水域の自然を水没させ、美しい渓流を破壊する。

　集水域から流入する落葉などの有機物は、渓流の白く泡立つ急流の中では、水生昆虫や好気性細菌の働きで分解される。分解されて溶け出てくる栄養塩類は、川底や転石の表面に付着している珪藻などによって吸収され、再び光合成によって有機物に合成され、アユなどの成長の糧となる。流水中のこのような自然浄化のしくみによって、清流は維持されている（図2）。ダムで塞き止められれば、この自然浄化の働きがなくなるために汚濁がすすむ。水瓶として流れを止め、溜め込むダム湖には、落葉や生物遺骸などが流入・蓄積し、プランクトンの増殖・枯死も加わって水質は悪化し、湖底では沈殿した有機物がヘドロ化する（口絵）。湖底に溜まるヘドロや汚濁水は、洪水時には巻き上げられて一気に流下し、下流域に影響を及ぼす可能性が高い。

　ダムの下流では中小洪水が発生しなくなり、ほぼ定常的な流れとなる。自然な川の状態は、洪水の激流から緩やかな平水時まで流量・流速の変化が繰り返されることによって維持されている。ダムができて洪水が発生しなくなれば、瀬と淵の区別がはっきりしなくなり、石の隙間には砂泥が詰まって、水生昆虫の生息場や稚魚の隠れ処がなくなり、渓流魚の生息環境は著しく悪化する。

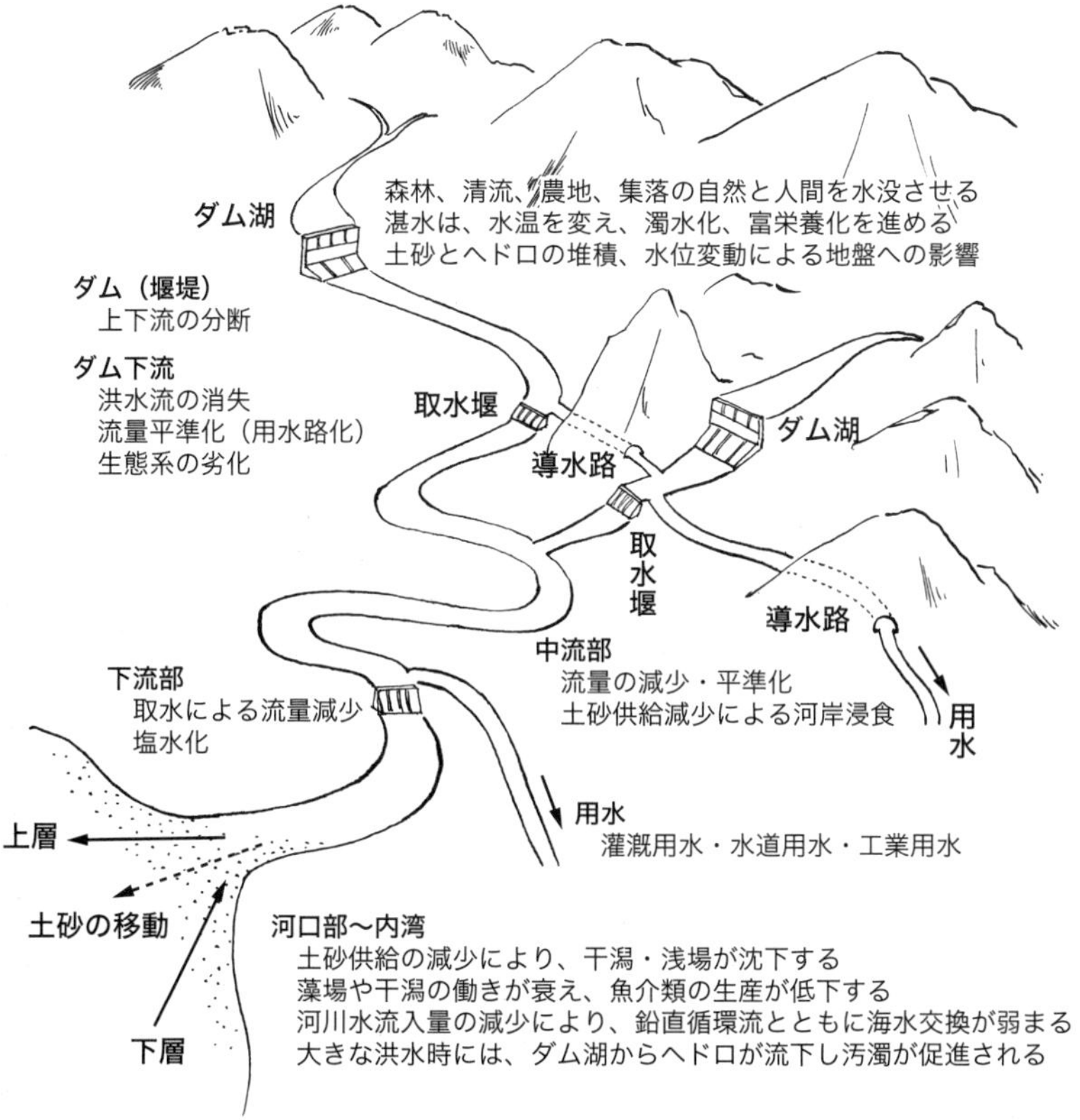

森林、清流、農地、集落の自然と人間を水没させる
湛水は、水温を変え、濁水化、富栄養化を進める
土砂とヘドロの堆積、水位変動による地盤への影響
ダム湖
ダム（堰堤）
上下流の分断
ダム下流
洪水流の消失
流量平準化（用水路化）
生態系の劣化
取水堰
導水路
ダム湖
取水堰
導水路
中流部
流量の減少・平準化
土砂供給減少による河岸浸食
用水
下流部
取水による流量減少
塩水化
用水
灌漑用水・水道用水・工業用水
上層
土砂の移動
下層
河口部〜内湾
土砂供給の減少により、干潟・浅場が沈下する
藻場や干潟の働きが衰え、魚介類の生産が低下する
河川水流入量の減少により、鉛直循環流とともに海水交換が弱まる
大きな洪水時には、ダム湖からヘドロが流下し汚濁が促進される

図14　河川開発が川と内湾の環境に及ぼす影響

自然の河川では、水底の表面を覆う付着藻類は、ときどき起こる洪水流によって洗い流され、更新されるが、ダムにより洪水が起きなくなると、枯死した古い藻類が洗い流されず、溜まっていく。当然、アユの育ちは悪くなる。アマゴやアユが育ち、釣り人で賑わう寒狭川の自然度の高い渓流は、ダムができれば、濁りのある放流水が細い流れをつくる「用水路」と化すことになる。川原は草原化が進み、樹木さえ進出してくるであろう。（図14）

Ⅳ　川と海のつながりと上流のダムが海に及ぼす影響

陽光で暖められた海水から大気に供給される水蒸気が上昇気流と雲を起こし、雨を降らせる。陸地に降る雨は森と川を生み育てる。川が注ぐ海では、淡水と海水の密度差から、沿岸に特有な流れが生まれる。すなわち、エスチュアリー循環流は、河口循環流とも呼ばれ、内湾の海水交換作用や沿岸海域の物質循環に大きな役割を果たしている。とりわけ沖合の深層から栄養塩類を河口付近の浅場に運んでくる働きは重要である。浅場では、海底まで植物が光合成をするのに十分な日光が届くため、栄養塩（肥料分）さえ供給されれば、海底に根（付着器）をおろしたアマモなどの海草や大型藻類が繁茂して藻場を形成する。この浅場に沖側の深層海水から栄養塩類を供給するのが、エスチュアリー循環流と呼ばれる河口・内湾に発達する流れで、川から流入する淡水こそ、この流れを引き起こす原動力となっている（図15）。

エスチュアリー循環

川から流入する淡水は、集水域から溶け出てくる栄養塩類を海へ運び込むが、密度が小さいので、表層を比較的速やかに沖に出て行く。海底まで十分な光が届かない沖では、表層を漂う植物プランクトンが、水、二酸化炭素、および栄養塩をもとに光合成をして増殖する。植物プランク

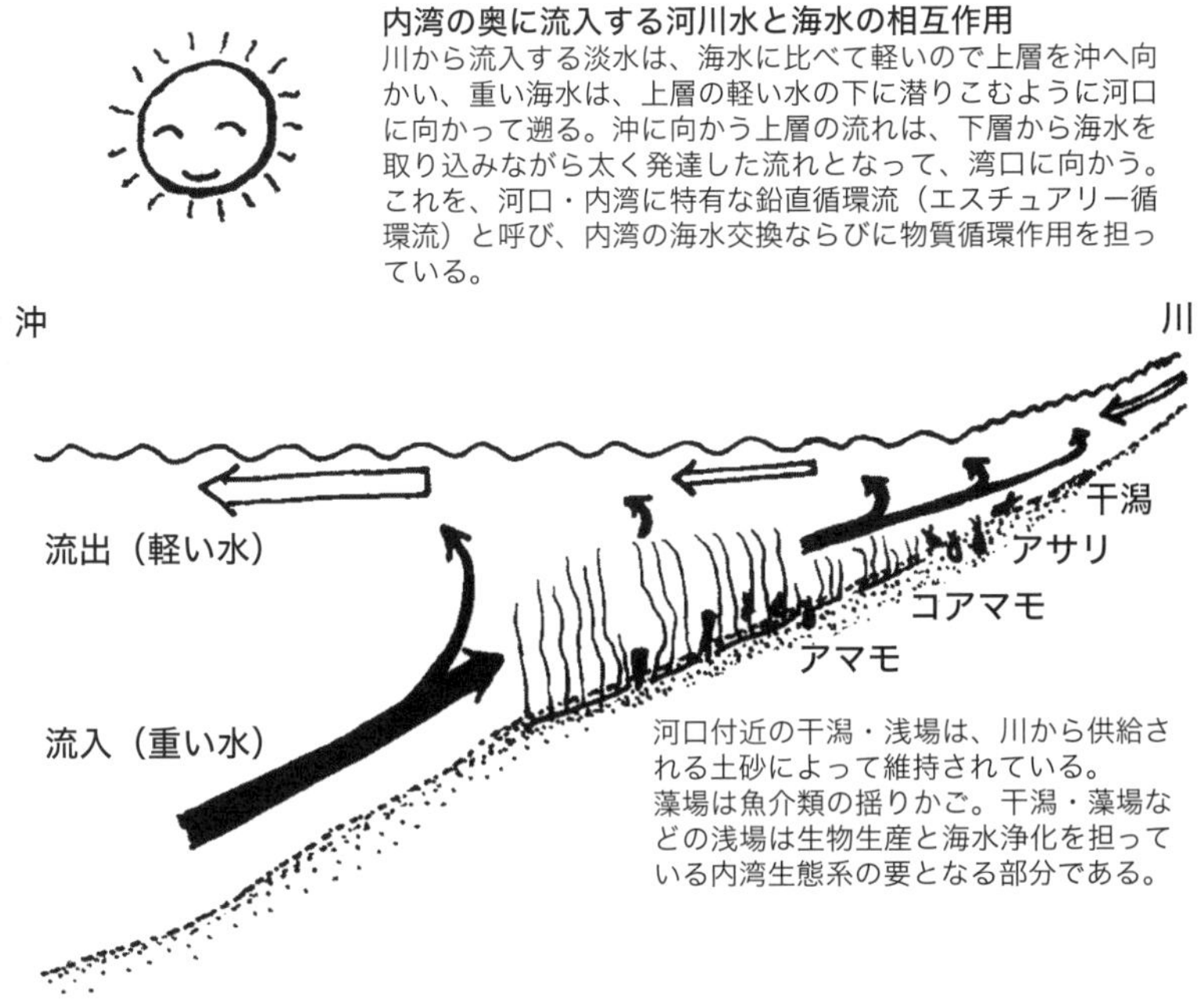
内湾の奥に流入する河川水と海水の相互作用
川から流入する淡水は、海水に比べて軽いので上層を沖へ向かい、重い海水は、上層の軽い水の下に潜りこむように河口に向かって遡る。沖に向かう上層の流れは、下層から海水を取り込みながら太く発達した流れとなって、湾口に向かう。これを、河口・内湾に特有な鉛直循環流（エスチュアリー循環流）と呼び、内湾の海水交換ならびに物質循環作用を担っている。
沖
川
干潟
アサリ
流出（軽い水）
コアマモ
アマモ
流入（重い水）
河口付近の干潟・浅場は、川から供給される土砂によって維持されている。
藻場は魚介類の揺りかご。干潟・藻場などの浅場は生物生産と海水浄化を担っている内湾生態系の要となる部分である。

図15　河口・内湾に発達する密度流（鉛直循環流／エスチュアリー循環流）

トンの生産を基礎として、動物プランクトン、プランクトン食者、高次捕食者へと連なるのが海洋の食物連鎖である。一般に海洋における生物生産（海草・海藻や魚介類の生産）は、川から栄養塩類の供給が行われる沿岸部で活発に行われている。表層で増殖した植物プランクトンの枯死したものや動物プランクトンの糞は海底に沈殿し、堆積する。光が当らず、表層に比べて水温の低い海底に堆積した生物遺骸等に含まれる栄養塩は、そのままでは生物の再生産の経路からはずれてしまう。ところが、川から海にそそぐ淡水が引き起こすエスチュアリー循環流によって、沖の底層から河口の浅場へと栄養塩が戻ってくる。川水が流入してくる限り、河口浅場には、沖合から栄養塩に富んだ海水が還流し続ける。河口付近の浅場に、海草や大型藻類が繁茂した生物生産力の高い生物群集・生態系が成立するのは、川と海の境界に、このような水と栄養塩の循環系ができあがっていることによる。

藻場（口絵）

波静かな内湾の奥まった浅場にアマモが繁茂する水中草原・藻場（甘藻場《アマモバ》）は、魚介類の産卵や生育の場として、海洋生態系の要石ともいえるきわめて重要な役割を果たしている。アマモの葉の表面には顕微鏡でやっと見える珪藻が付着し、巻貝や小さな甲殻類がこれを摂っている。さまざまな付着生活をする小型の無脊椎動物も、アマモの葉のあちこちにぶら下がって揺れている。小魚がこれをつつく。ヨウジウオが葉陰に絡んでプランクトンをねらっている。豊富な餌と身を隠す場が広がって、魚介類の揺りかごとなっているのである。

川が運ぶ土砂が浅場を形成する

ときたま起こる洪水時に、川は多量の土砂を海に運び込む。重い砂は、河口付近に堆積して、河口の浅場を形成する。生き物を育む干潟や藻場が河口付近に発達するのは、いうまでもなく、陸地を浸食して土砂を海に運び込む川の働きによっているのである。

洪水時には、河口の干潟や浅場には、土砂とともに多量の落葉・枯れ枝などが流入・堆積する。これらの陸上生物の遺骸を基礎とする腐食連鎖（生物の排泄物や死体、その分解生成物を食物とする連鎖）も存在する。細菌類、原生動物、腐食性の巻貝、ヨコエビやゴカイなど、さまざまな干潟の生き物が、川から流入する堆積物の分解に関わっている。

生物による物質の移動

川から流入する淡水と海水が出会う河口付近は汽水域とも呼ばれる。密度の違いから、淡水は上層を流れ、下層に海水が潜り込むので、水の中は二層構造になっている。ほぼ十二時間周期の潮汐による水位変動があるので、汽水域の環境は複雑である。汽水域を介して海の生物と川の生物はつながりをもっており、生活史の一部を海側（川側）ですごした後、汽水域を通過して川側（海側）に移動する生物がいる。モクズガニ、マルタウグイ、アユ、シラウオ、マス類、ウナギ、シマヨシノボリなどはよく知られている。海で大きく育ち、川の上流まで遡って産卵するマルタウグイやマス類は、海から陸へ魚体（栄養）を運び上げて陸上生態系を豊かにする働きがあり、陸から海へと向かう一般的な物質の移動の方向とは逆向きの動きをするので、物質循環の視点から興味深い。

密度流

渥美湾に注ぐ豊川のように、閉鎖性の強い内湾の奥に川が注ぐ場合、内湾全体も汽水域とみなすことができる。川から流入する淡水は海水に比べて密度が小さいため、海水の上に乗る形で上層を湾口に向かって出て行く。湾口より外の外洋を基準にとってみると、湾内の水は密度が小さく、湾奥の河口に近づくほど密度はいっそう小さくなる。密度の大きい外海水は湾奥の河口めが

表10　密度流（鉛直循環流）量の河川流量に対する比率

河川流量の10倍から20倍程度の海水循環が生じる。

海域	季節	鉛直循環流量 Q (m³/秒)	河川流量 R (m³/秒)	比率 Q/R	出典
東京湾	夏 冬	2201 1635	396 124	6 13	海の研究、1998　宇野木
伊勢湾	夏 冬	3000 6000	800 250	4 24	海の研究、1996　藤原他
三河湾	夏 冬	1169 1272	137 60	9 21	海の研究、1998　宇野木
大阪湾	夏 秋	3300 4520	130 120	25 38	沿岸海洋研究、1994　藤原他 沿岸海洋研究、1993　湯浅他

（宇野木2005）

けて内湾の下層を遡る。内湾の上層では湾口に向かって流出し、下層では湾奥に向かう流れが生じ、下層から上層へ取り込まれる鉛直方向の流れを伴う。この流れは密度の差が原因となって生じるので、密度流と呼ばれ、河口から流入する河川水量の数倍から二〇倍程度の大きな流れとなることが知られている（表10）。外海との海水交換が起きにくい閉鎖性内湾にとって、河川から流入する淡水が、密度流によって内湾の海水を外海水と交換させる働きは無視できない。この密度の差に基づく水の流れは、冷えて密度の大きくなった気団（高気圧）から、暖まって密度が低くなった気団（低気圧）に向かって風が吹き込むのと同じ原理である。なお、先に述べた「エスチュアリー循環流」の用語は、河口・沿岸部の物質循環に注目する場合に主として使われ、河口部に発達する密度流のことである。

ダムが海に及ぼす影響

川と海との関わりについての以上のような考察から、河川上流にダムができた場合に、海はどのような影響を受けるのか、推定することができる。

第一に、ダムによる水資源開発は河川流量を減らすので、エスチュアリー循環流が弱まる。その結果、河口浅場への栄養塩類の還流が弱まり、浅場における生物生産が衰える。生物生産の強さは、自然浄化作用の強さとも相関しているので、水質の浄化力も低下する。

第二に、閉鎖性内湾においては、上流のダム建設によって河川流量が減ると、密度流が弱まるので、海水交換がいっそう衰えることが問題となる。汚濁が進んだ内湾にとって、外海水との海水交換が弱まることは、汚濁をさらに深刻にする結果となる。

第三に、土砂供給が減る影響は大きい。河口付近の干潟や藻場は、きわめて生物生産力の高い場であるが、この浅場は川から運び込まれる土砂によって形成され、維持されているもので、ダム堆砂によって土砂供給が減少すれば、長期的には、確実に浅場の面積の減少や機能減退をもたらす。また、天竜川のダム堆砂と遠州灘沿岸の砂浜浸食との関係に見られるように、ダムの影響は、数十年単位で見れば、沿岸地形にも影響がおよぶ。

第四に、ダムは生物の往来を止める。生物のもっている物質を移動させる力は想像以上に強く、川の上流にダムを造る場合においても、海までその影響は及ぶ。

第五に、ダム湖には集水域から流入する落葉や、湖水に繁茂する植物プランクトンなどに由来する有機汚泥が堆積する。ダム湖底のヘドロは大きな出水の際、巻き上げられて流下し、沿岸・内湾に流入して水質や底質の悪化を引き起こす可能性が高い。ダム湖に堆積したヘドロが海まで流下して沿岸に影響を及ぼしている例として、黒部川と富山湾、球磨川と八代海などが知られている。

瀕死の三河湾への手当てが緊要

かつて豊かな恵みをもたらした三河湾、とりわけ東部の渥美湾の汚濁状況は著しく、まさに瀕死の状態にある。浅海にもかかわらず夏季の成層期（夏は表層の海水が暖まって軽くなり、下層の冷たい海水と混ざり合わないで上下の二層がはっきり区分される状態となる）には、渥美湾の海底付近には、夏の間、広い範囲に貧酸素水塊（魚介類の生息が困難な状態まで溶存酸素が減少した水塊）が発達するので、底生動物の大半が生存不能な状態にある。カレイ・ヒラメ・タイなどの底魚、アカガイなどの貝類、エビ・カニ・シャコなどの甲殻類、これらの魚介類が棲めない海となっている。この主要な原因は、三河港域の工業用地や港湾整備のために広大な浅場が浚渫され、埋立てられて消失したことによるが、豊川用水への取水によって豊川から湾奥に流入する河川水が減ったことも汚濁を促進させた。これ以上の豊川からの淡水流入量減少や、土砂供給の減少は、瀕死の三河湾にとどめを刺すことになる。設楽ダムは豊川の流量を減らし、エスチュアリー循環を弱めるので、海底に堆積したプランクトンなどの枯死体の分解が遅れ、ヘドロの堆積が進む。また湾内の海水と外海水との交換が衰える。この二つの効果が重なり、成層期には貧酸素水塊の発生・発達が促進される。また、ダムは、河口への土砂供給を減らすので、長期的には干潟や浅場形成を阻害する。三河港の整備によって浅場がほとんど失われた渥美湾奥部に残された貴重な豊川河口の六条潟の干潟・浅場の機能が衰えることは、致命傷となる。

これまで、縦割り行政により、河川事業は、海域への影響を無視して実施されてきた。そのような行きかたが誤りであることは明白であり、とりわけ、三河湾のような閉鎖性内湾の集水域での河川開発は、海域まで環境影響をきちんと調査し、対応するべきである。

川にダムが造られれば、下流の閉鎖性海域の汚濁が進むことは間違いなく、海洋生態系にとっての要石である干潟や藻場への深刻な影響が予測される。ダム建設や水資源開発による利益と、それによって失う内湾・沿海漁業などの損失を予測・推定し、事業を実施するべきか否かの評価を行うことは最低限必要である。

第二次大戦後、豊川のすぐ隣の天竜川に大規模な佐久間ダムが建設されて以来、半世紀余りの経験で、ダムによる環境影響は、水没する集水域、ダム下流の河川はもちろん、海域にまで及び、とてつもなく大きいことがはっきりした。ダム建設は、厳密な必要性と代替案の検討の上に、どうしても他に代替手段が見つからない場合の最後の手段であるとみなすべきである。

Ⅴ　豊川のめぐみを次代に引き継ぐために

ある地域に住む人と生物が、世代を継いで健康に生き永らえていくうえで、水源の森林を含む流域圏は不可欠な生存基盤である。健全な流域圏を保全していくことは、その地域に住むすべての人々が個々の利害を超えて、第一に努力しなければならない共通の課題である。

そのためには、水あまりの下での設楽ダム建設や、土地あまり状況の下での沿岸埋立てのような、むだで有害な開発をこれ以上続けることは許されない。

また、灌漑用水のように、使えば使うほど割安となるような面積割りの料金体系は、これまでの開発優先の政策でゆきわたっている浪費構造の典型であり、節水努力が報いられ環境負荷を小さくする仕組み（累進性・従量制の用水料金体系）に早急に改めることが必要である。このような料金体系を改めるだけで、農業用水の使用量は半減するともいわれている。こうすれば、豊川用水の取り入れ口である大野頭首工下流の維持流量を増やすことくらいは、十分可能である。農業用水は、食糧生産という公共性の高さから、その開発に対しては、農業者の負担を小さく抑える政策がとられてきた。そのことと、水を浪費する構造とは区別しなければならない。今後の持続可能な社会は、これまでのような浪費を煽るやり方が通用しないことを肝に銘じるべきである。

表11　森林の機能

持続可能な集水域にとって森林はなくてはならない存在である。

区分	概要
生物生産	樹木が光合成によって生長する現象、樹冠を構成する高木のみでなく、その下に生える、亜高木や低木、下生えなどの植物生産をまとめて1次生産としている。木材、その他の林産物の生産である。植物を食べて増殖する動物は、2次生産として区分される。これらをエネルギー源とみなした場合は、バイオマスと呼ぶ。地球温暖化問題の視点からは、二酸化炭素の吸収源として扱われることもある。
洪水調節、土砂流出防止	森林が地表を覆うことで、降雨が直接地面をたたくことがなくなり、土砂崩壊、流出を抑制する。地下浸透により、地表流が抑制されるため、降雨後の洪水流出に時間的遅れが生じるとともに、最大流量が小さくなる。
水源涵養	森林は落葉を地面に供給し、多数の土壌動物や無数の土壌微生物の働きとともに、隙間の多い森林土壌の発達をうながすことによって、降水がよく地下浸透し、清浄な地下水となる。ゆっくりと湧き出して、清流を形成し、人を含む陸上生物および淡水の生物の生存に不可欠な水資源を生み出す。
気象緩和作用	植物の多量の葉から蒸散する水分により、夏季の地表温度の上昇が抑制される。空中湿度を高く保つことから、気温変化を小さくする効果がある。なお、温暖な地方では、常緑樹による冬季の蒸散も無視できない。なお、蒸発や蒸散によって、水源として利用できる水量は減る。
生物多様性	森林を構成する多様な植物を基礎に、多種多様な動物、菌類などからなる生物群集によって生態系が構成されており、森林の存在そのものが生物多様性を支えている。
保健休養、自然の研究、その他	植物の分泌するフィトンチッドが優れた抗菌作用を持っている。その健康的な大気を全身に受けながらの散策、山桜やツツジなどの花見、木の実拾い、きのこ狩り、紅葉狩り、野鳥観察など、多くの楽しみや自然の観察・研究の場を提供してくれる。

集水域の森林の働きは重要である（表11）ので、水源・林業地域に目を向けてみよう。グローバル経済の下、安価な輸入木材との市場競争にさらされている林業は、下流からの支援を受けることなく三〇年以上にわたって放置されてきた。一九六〇年代を中心に伐採、造林された人工林が大半を占める上流域の森林を管理・保全することは、非常に困難な状況となっている。密植されたヒノキ人工林が、間伐されず放置され、暗い林床から下生えや落葉、腐植が消えて、土壌浸食が進み、保水力も落ちている。現状のままでは、大雨による上流の森林の山腹崩壊と下流の洪水被害の拡大を引き起こす恐れが増大する。また、一方で森林が生長すると、保水力の増大とともに、蒸発散量も増加し、河川へ流出してくる水量が減って水資源の利用可能量にも影響が及ぶことがある。森林の生長に伴って河川流出量が減少する問題は、従来の「緑のダム」論では見落とされていた点であり、量質ともに優れた水資源を確保するためには、ただ森林があればよいというだけではなく、適切に保全管理された森林の存在が必要である（図16）。

したがって、上流域で確保される水源を利用し森林の治水効果の利益を得て、経済的に繁栄している豊かな下流平野部から、上流域山地の森林保全管理のために必要十分な資金を還流する何らかのしくみが必要であり、水源管理・森林管理の費用を負担する流域圏単位の制度を工夫することが大切である。豊川水源基金として、下流市町の水道料金に一㎥当たり一円上乗せして、集まった資金を水源地域の林業補助に使う制度が動き始めているが、これだけではまったく不足し

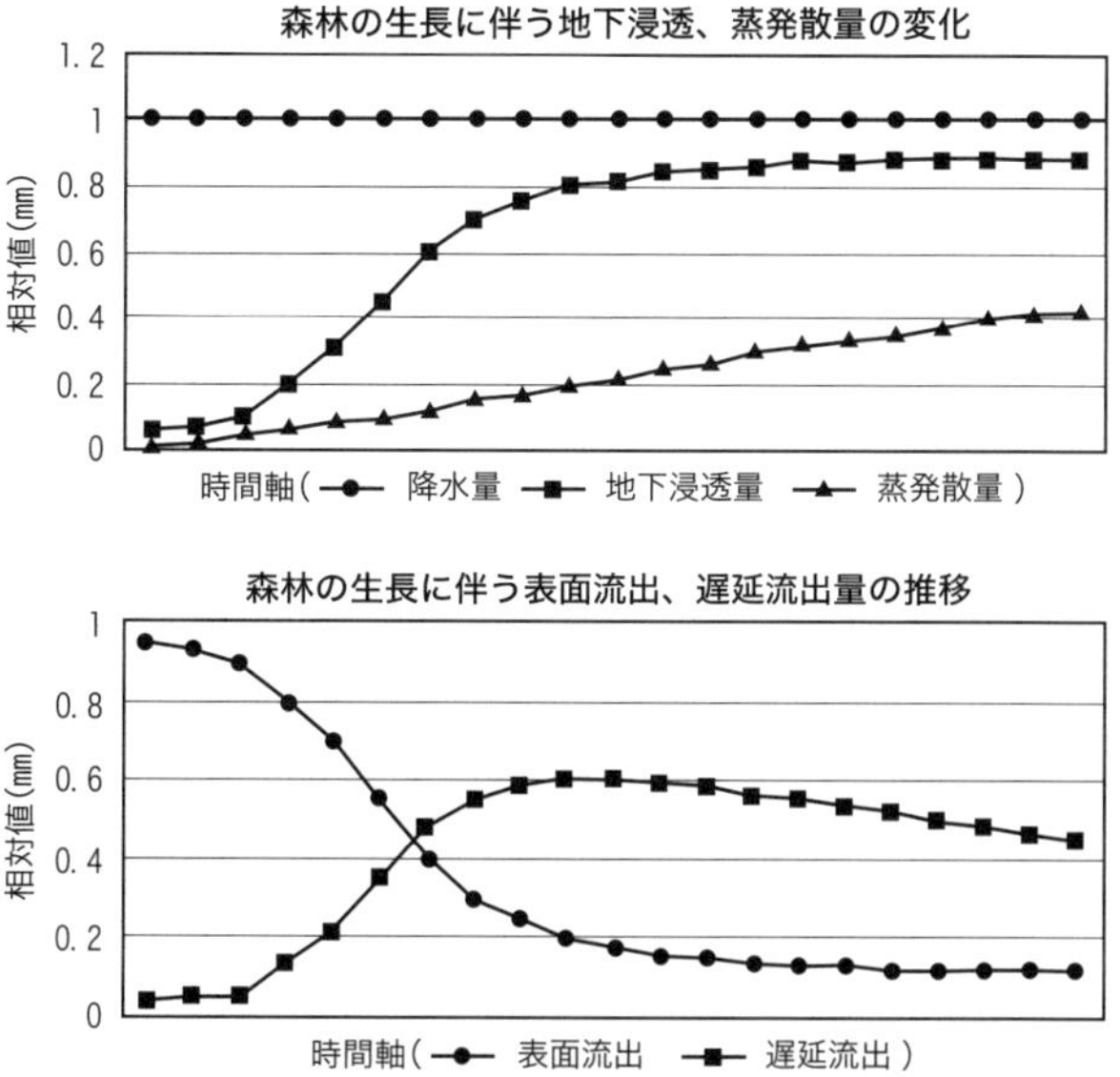

図16　森林の生長と水収支の概念図

森林が生長すると落葉の蓄積や土壌の発達により、降水の地下浸透が増えるとともに、蒸発散量もしだいに増えていく（上）。
洪水の原因である地表流が減り地下浸透してゆっくり流出する部分が増える。洪水を抑え水資源を効果的に得るためには、森林管理の工夫が必要である（下）。

ている。用水の過半を占める農業用水は、節水を促進させる工夫がないばかりか、水源地域への還流は考慮もされていない。また、三河湾、沿岸の漁業資源を維持する面でも、上流域の森林保全は欠かせない課題であり、漁業部門から上流域への還流をも考慮する必要があろう。直接還流の仕組みの他に、さまざまな間接的なやり方を工夫することが現実的かもしれない。集水域の森林から調達した木材や林産物を、流域圏内の消費者が購入することを奨励する補助制度などを工夫する仕組みもいいだろう。小水力発電事業や、除間伐木・木皮・端材などのバイオマスを利用したエネルギー供給事業などへの投資、上流域の水田・棚田を維持管理するための補助制度など、上流域の人々の生活が成り立ち、自然環境が保全される条件を整えていくことが急がれている。

このような仕組みが、一時的なものに終わらず、永続するためには、次世代へつなぐ教育のしくみを整えることが必要である。下流域の子どもたちは、上流域の森林や山地の状況を学び、水道用水や農業用水は、元をたどるとどこから来るのか、山地の自然や人の暮らしはどうなっているのか、森林の管理はどのように行われているのか、など上流域の自然と人の暮らしを、山村で一定期間生活体験することを通じて知る。逆に上流域の子どもたちは、下流域の不連続堤・遊水地を現地観察し、洪水時の下流域の苦しみを想像してみる。沖積平野の広々とした水田と渥美半島の野菜産地を潤す農業用水を見学する。豊川の水が、三河湾の水産物・生物を育んでいることも、河口干潟で潮干狩りを体験しながら学習する。このようなプログラムをこの流域圏社会では、世代から世代へと受け継いでいく地域の文化継承システムとして確立しておくことが大切である。

そのためには、例えば、上流山地では、段戸の森の資料館と寒狭川ネコギギ観察館、下流部では、遊水地・生態公園に豊川に関する資料館を設ける。それらの施設を拠点として、自然環境の資料や、洪水と治水の歴史などを研究し教育する。豊川が注ぐ渥美湾奥の六条潟は、伊勢・三河湾の海苔養殖発祥の地であり、現在でもアサリ稚貝の日本一の産地として内湾漁業の要となっている。歴史を遡って、縄文時代には、日本有数のハマグリ漁場であったことが貝塚遺跡から知られている。このような地域の宝物について学ぶ拠点がここにも必要である。著しい環境破壊をもたらすダム建設に多額の投資をするのをやめ、持続可能な流域圏づくりのために役立つ投資に切り替えることが必要である。

VI 解説

◉――大型公共事業が強引に進められるわけ？

高度経済成長の時代、将来的に増加し続ける税収入を前提として、国が国債を発行し、地方自治体は地方債を発行して、橋や道路などの社会基盤の整備を行ってきた。公共事業は、資金の面では、将来の税収入は確実に増加していくという前提にたって、長期返済を前提とした借金に依存している。国が直接実施する事業にはもちろん主たる費用を国が負担するが、地方自治体が実施主体である公共事業の場合にも、国からの補助金が用意されており、国の予算枠からそれぞれの地域に補助金のついた公共事業を「分捕ってくる」のが、政治家の力量であるかのようにみなされてきた。官僚機構は、そのような予算配分のしくみを、縦割り組織の維持・拡大のために利用してきた。そして、政治家と官僚の用意した資金に企業がむらがり、政・官・業三者が癒着する構造が、第二次大戦後の経済成長の過程でできあがり、公共事業の予算獲得の年中行事が繰返されてきた。結果として、その事業が社会にとって必要か否かは二の次で、各地域の政・官・業癒着体への利益配分が優先され、事業のばらまきが行われている。二一世紀を迎えた現在、日本では、経済成長の伸びはほぼ止まり、人口の減少も始まっている。将来にわたって税収の伸びが保証されているわけではない。したがって、公共事業は根本的な見直しを必要としており、むだを省いて将来への借金体質を改め、成熟社会を実現・維持していくために必要な事業に切り替えていかねばならない。このような時代に、今までどおりの行動を続けていれば、手遅れになることは目に見えている。

なぜ必要性の疑わしい公共事業がやめられずに、次々と計画実行されるのかという理由の核心は、事業実施によって利益を得る企業から還流する献金・賄賂が、公共事業を地元に取ってくる政治家、予算の獲得と消化に明け暮れる官僚機構、随意契約にむらがる天下りの官僚ＯＢ組織などの癒着を進め、政策や事業計画が決められているところにある。

法律・制度の面から見ると、現在もなお、高度経済成長政策のために作られた法律に基づいて公共事業が実施されており、閣議決定などによりひとたび実施が決定された事業は、途中で状況変化があった場合でも、事業の見直し・中止をするしくみが用意されていないか、形式的な再評価制度があっても機能していない。一九九七年に法律による環境影響評価制度が一応できたが、事業計画が決まってから実施される事業アセスメントであり、現状では、環境保全のために事業そのものを見直したり、大幅な変更を行わせることは、ほとんど期待できない。

政府の予算執行については透明性がなく、事実上のブラックボックスとなっており、議会の予算審議は表面的なものに過ぎず、議会によるチェック機能がはたらいていないことも問題である。なお政・官・業の癒着には、御用学者もその一角に食い込んでおり、政府や自治体が政策・事業決定をする際の各種審議会等で、ことの本質を見え難くするイチジクの葉の役割を果たしている。

◉――多目的ダムの費用負担のしくみ

特定多目的ダム法（特ダム法）という法律がある。設楽ダムはこの法律に基づいて建設が予定されている。この法律でいう「多目的ダム」とは、一級河川において、国土交通大臣が自ら新築するダムで、貯留水を利用して発電、水道または工業用水に利用するものであって、灌漑用途は含まれていない。国土交通大臣が多目的ダムを新築しようとする場合には、建設に関する基本計画を作成しなければならないとされている。基本計画には、多目的ダムについての、①建設の目的、②位置および名称、③規模および型式、④貯留量、取水量および放流量ならびに貯留量の用途別配分、⑤ダム使用権の設定予定者、⑥建設に要する費用およびその負担、⑦工期、⑧その他建設に関する基本事項、を定めなければならないことになっている。この基本計画の上記項目のうち、④、⑤、⑥、が費用負担に関係している。

〈建設費用の負担割合と負担額〉

建設費×費用負担割合＝ダム使用権設定予定者の費用負担額

建設費×灌漑用途費用負担割合×〇・一＝灌漑用途利用者の費用負担額

〈建設費用負担についての国の補助率等〉

治水関係（国が七〇％、都道府県が三〇％）

水道関係（愛知県企業庁、国庫補助三分の一、企業債で資金調達をし、料金収入で償還、一般会計繰り入れ三分の一（出資）が許される）

工業用水（国庫補助三〇％、料金収入で償還、一般会計繰り入れは原則許されない）

発電関係（略）

〈設楽ダムの場合の費用負担〉

設楽ダムの場合には、基本計画が二〇〇七年末現在、未だ決まっていないので、具体的な費用負担の金額は不明であるが、これまでに示されている建設事業計画に従って、ダム使用目的別に費用負担の割合を示せば次のようになる。費用負担割合は、有効貯水容量（総貯水容量から堆砂容量を除いた九二〇〇万㎥）と目的別の貯水容量との比によって決まる。

〈用途別の費用の負担割合〉

① 洪水調節の負担割合　一九〇〇／九二〇〇＝〇・二〇六五

② 流水正常機能維持の負担割合　六〇〇〇／九二〇〇＝〇・六五二二

③ 水道の負担割合　五〇〇／九二〇〇＝〇・〇五四三

④　灌漑用水の負担割合　　八〇〇／九二〇〇＝〇・〇八七〇

ここで、費用負担割合を決める際に問題となるのは、②の流水正常機能維持についてである。一般に、流水正常機能維持は、河川管理に区分されているため、洪水調節と同じ配分で、国が七〇%、県が三〇%を負担することになっている。ところが、設楽ダム計画では、流水正常機能維持は利水安全度向上にも用いるとされているので、豊川用水・総合用水の受益者である県営水道、県営工業用水道、農業用水の利用者が、それぞれどれだけ負担するかが問題となる。しかも、有効貯水容量の六五・二%と、建設費の過半を占めることから、この部分の負担割合をどうするかによって、各負担者の具体的な負担額が変わる。

おわりに

二〇〇四年の暮れも押しせまった時期に、国土交通省中部地方整備局は、設楽ダム建設事業に関する環境影響評価の最初の手続きとして、方法書を公表・縦覧した。一億㎥の巨大なダムを豊川水系寒狭川上流に建設するというのだ。予定地周辺にはクマタカの営巣が知られており、清流寒狭川は、国の天然記念物で絶滅危惧種であるネコギギの重要な棲息地、アマゴやアユ釣りの名所であり、オシドリの集団越冬地もある。また、豊川の流入する三河湾は、閉鎖性が強く、工業港湾開発のための埋立てが進んだため日本一ともいわれる汚濁状況にあり、上流のダム建設の影響は三河湾にまで及ぶと予想された。年末年始のあわただしい中、筆者を含む環境問題に関心を持つ有志が集まって、勉強会を重ね、住民意見書を出すためのミニ市民講座を開くなどの取り組みを行った。住民意見書提出は正月明けに締め切られた。方法書の中で事業者は調査範囲を寒狭川中流部の布里地点までに限るとしたのに対して、多数の住民が、豊川下流部を含め、三河湾まで調査範囲を広げるべきだと意見書で指摘した。二〇〇六年の六月には、環境影響評価準備書が公表・縦覧された。準備書に対しても、寒狭川流域の住民を含めて、多数の住民意見が出された。住民意見を受けて、国土交通大臣に送付する知事意見をまとめる愛知県環境影響評価審査会でも種々の議論はおこなわれたが、本来環境保全の立場で厳正に審査を進める義務を負っているはずの愛知県の事務局が、事業推進の差しさわりになるような意見を押さえ込む役割を担い、審査会が本来の機能を果たすことはなかった。設楽町で開かれた愛知県環境部主催の公聴会でも、住民意見は聞き置くのみという姿勢で、出された意見や意見書が、審査会にきちんと反映されることもなく、単なる通過儀礼として扱われた。「川や水の管理は、中央や地方の政府の専権事項であって、住民がとやかく言う筋のものではない」との前時代的なやり方を、国や県はいっこうに変える気はないらしい。一九九七年に、法律に基づく環境影響評価制度が導入されたが、事業決定後の事業アセスメントであり、事業の推進の妨げにならないようにつじつまを合わせる「事業アワセメント」の状況から本質的に変わっていない。結局、国土交通省中部地方整備局は二〇〇七年の七月には環境影響評価書を縦覧してアセスメント手続きを終えた。

この間、豊川水系では、二〇〇二年の三月に、豊川総合用水事業が完成して、以前に比べて豊川用水への水供給可能量がおよそ五割増しとなった。水需給の状況にこのような大きな変化があり、国が定める豊川水系の水資源開発基本計画も二〇〇六年二月に、全部変更が行なわれた。この変更の際の資料を見ると、豊川水系の現在までに開発された施設による水供給能力は一〇年後の需要見通しを上回る水準にあることが示されている。本来ならば、フルプランの変更時点で、ダム計画は白紙に戻されねばならないはずであった。ところが、一〇年に一度起きる程度の少雨年には水が足りなくなるのでダムによる水資源の開発が必要であるとの理由で、設楽ダム計画の内容を若干手直しして、環境影響評価手続きはそのまま続行され、着工に向けて準備が進められている。

設楽町の住民は、一九七三年のダム計画発表後には、町議会の決議も含めて、こぞって反対の意思を明確に示して抵抗したにも関わらず、国と県が執拗にダム建設受け入れを押し付けてきた。筆者は、豊川の流域で生まれ、流域の自然に抱かれて育ち、現在もこの地で生活をしている。住民の意思を無視して、強引に進められる設楽ダム建設計画に疑問をもち、この問題に付き合ってきた。その結果、事業の必要性がきわめて疑わしいことに加えて、取り返しのつかない自然破壊を伴う事業であり、今後の地域社会が安全かつ健康的で多様性に富んだ環境を維持していくうえで、有害であると確信するに至った。このブックレットは、筆者がそのような結論を出すに至った思考の筋道と判断材料を読者に紹介することを意図してまとめたものである。

いまや、世界人口は六五億人に達し、水・食糧などの資源枯渇や温暖化をはじめとする環境破壊の増大により、地球規模で持続可能性が絶たれる危険が増大している。われわれは現在、このような時代の大きな節目を経験しつつあり、足元の地域社会を、持続可能なものに創り変えていく取り組みは、次世代に対する現世代の義務であるばかりでなく、地球規模での人類史的な意味をも持っている。しかも、われわれに残された時間的余裕はほとんどないと思われる。このブックレットが、われわれの生活を見直し、環境を壊しつつ浪費するこれまでのやり方を改め、持続可能な地域づくりのために少しでも役立つことを心から願う。

豊川水系に計画されて建設に向けて動き出した多目的ダム、設楽ダムが三河湾に及ぼす影響について警鐘をならすために、ブックレットを刊行してはどうかという提案を、海洋学者で、永年のあいだ、三河湾の研究をやってこられた宇野木早苗さんからいただいた。日本一の汚濁に喘ぐ三河湾の環境再生を心から願う宇野木さんは、国と県が三河湾の環境など見てみぬふりをして、豊川水系の開発を進めていることを危惧されてのことであった。二〇〇二年刊の西條八束著『内湾の自然誌　三河湾の再生をめざして』に続く形で、出してはどうかとの提案であった。ブックレットシリーズの刊行の元締めである愛知大学綜合郷土研究所の有薗所長に相談をしてみたところ、さっそく運営委員会に諮っていただき、若干の条件付きながら了解を得られたので、筆者が原案をまとめることになった。

観測史上第一番となった二〇〇七年の酷暑の夏のあいだ、原案のまとめに手間どり、もたもたしているうちに、心待ちにしておられた西條八束さんが九月の中ごろ入院され、一〇月はじめに他界されてしまった。九月の末頃には、原稿の素案がほぼまとまっていたが、西條さんにお見せする機会を永遠に失ってしまい、お許しを請うばかりである。宇野木早苗さんには、素案の段階で目を通していただき、数十項目にわたり懇切なご意見・提案をいただいた。また、中央水産研究所に在職中、三河湾の研究を精力的に進められた佐々木克之さん（北海道自然保護協会）から、構想段階で有益なご助言をいただいた。佐々木さんから助言をいただけたのは、西條さんが連絡を取ってくださったためである。宇野木さんには最初の提案から完成に至るまでお世話をかけ通すことになった。スペースの関係で、三河湾の汚濁問題について精確な記述が出来なかったが、文献紹介に掲げた資料を参照していただきたい。

（二〇〇七年一一月）

もっと詳しく知りたい人のために

【豊川集水域】

市野和夫「持続する社会を求めて——生態系と地域の視点から」二〇〇七年、岩田書院

宮沢哲男「豊川流域の水文環境」一九九九年、岩田書院

牧野由朗編「豊川用水と渥美農村」一九九七年、岩田書院

市野和夫編著「豊川の『霞堤』と遊水地——賢明な利用を考える」一九九五年、愛知大学中部地方産業研究所

【森・川・ダム】

大熊孝「洪水と治水の河川史」二〇〇七年、平凡社

大熊孝「技術にも自治がある」二〇〇四年、農山漁村文化協会
淀川流域委員会「新たな河川整備をめざして――淀川水系流域委員会　提言（案）」二〇〇三年、第一六回委員会配布資料　http://www.yodoriver.org/kaigi/teigen/pdf/teigen_4.pdf
蔵治光一郎・保屋野初子「緑のダム」二〇〇四年、築地書館
村上哲生・林裕美子・奥田節夫・西條八束監訳「ダム湖の陸水学」二〇〇四年、生物研究社
福岡克也「森と水の経済学　自然と人間　共生の文明へ」一九八七年、東洋経済新報社

【川と海の関係、汽水域・沿岸】

日本海洋学会海洋環境問題委員会「愛知県豊川水系における設楽ダム建設と河川管理に関する提言」二〇〇七年　http://www.jos-env.net/shitara_dam.htm
宇野木早苗「有明海の自然と再生」二〇〇六年、築地書館
宇野木早苗「河川事業は海をどう変えたか」二〇〇五年、生物研究社
宇多高明「海岸侵食の実態と解決策」二〇〇四年、山海堂
西條八束「内湾の自然誌　三河湾の再生をめざして」二〇〇二年、あるむ
村上哲生・西條八束・奥田節夫「河口堰」二〇〇〇年、講談社サイエンティフィク
加藤真「日本の渚　失われゆく海辺の自然」一九九九年、岩波書店
西條八束（監修）「三河湾」一九九七年、改訂版一九九九年、八千代出版

【水問題に関する本】

大熊孝・嶋津暉之・吉田正人「首都圏の水があぶない」二〇〇七年、岩波書店

嶋津暉之「水問題原論」一九九一年、北斗出版

【公共事業に関する本】

永尾俊彦「公共事業は変われるか　千葉県三番瀬円卓・再生会議を追って」二〇〇七年、岩波書店

五十嵐敬喜・小川明雄「公共事業は止まるか」二〇〇一年、岩波書店

五十嵐敬喜・小川明雄「公共事業をどうするか」一九九七年、岩波書店

【豊川総合用水・設楽ダム関係の事業者の資料】

水資源機構豊川用水総合事業部「豊川用水」二〇〇七年

国土交通省中部地方整備局「豊川水系河川整備計画（大臣管理区間）」二〇〇一年一一月（二〇〇六年四月一部変更） http://www.cbr.mlit.go.jp/toyohashi/jigyou/toyogawa/seibi-keikaku/

国土交通省「豊川水系における水資源開発基本計画」二〇〇六年二月 http://www.mlit.go.jp/tochimizushigen/mizsei/fullplan/plan_toyo.html

水資源開発公団豊川用水総合事業部「豊川総合用水事業　事業誌」二〇〇二年

【著者紹介】

市野 和夫（いちの　かずお）

1946年　愛知県八名郡（現在は豊橋市）に生まれる
1979年　理学博士（名古屋大学）
1975年4月～1998年3月　愛知大学教養部教員
1998年4月～2006年3月　同 国際コミュニケーション学部教員
2006年4月～　愛知大学綜合郷土研究所非常勤所員
現在　設楽ダムの建設中止を求める会代表など、地域の自然保護・環境保全のNGO活動をしつつ、持続可能な地域を創るための方法・戦略に関心を持っている。
著書　『持続する社会を求めて―生態系と地域の視点から』2007年、岩田書院；『森の自然誌 みどりのキャンパスから』2002年、あるむ；『とりもどそう豊かな海 三河湾―「環境保全型開発」批判』1997（分担執筆）、八千代出版；『豊川の「霞堤」と遊水地―賢明な利用を考える』1995（編著）、愛知大学中部地方産業研究所
趣味　山野徘徊と自然観察、野生植物を種子から育てること、野生生物の棲める庭造り、生活排水の庭先処理、生ゴミの液肥・堆肥化処理と野菜の自給などを実践している。2007年は庭先でホオジロが巣立つのを見守った。生ゴミの液肥を与えるのみでトマト・ナス・ピーマン・ナタマメなど夏野菜は7月から稔り始めて、酷暑の8月を何とか乗り切り11月いっぱいまで枯れることなく収穫が続いた。

愛知大学綜合郷土研究所ブックレット ⑯

川の自然誌 豊川のめぐみとダム

2008年２月10日　第１刷発行

著者＝市野 和夫 ©

編集＝愛知大学綜合郷土研究所

〒441-8522 豊橋市町畑町1-1　Tel. 0532-47-4160

発行＝株式会社 あるむ

〒460-0012 名古屋市中区千代田3-1-12　第三記念橋ビル
Tel. 052-332-0861　Fax. 052-332-0862
http://www.arm-p.co.jp　E-mail: arm@a.email.ne.jp

印刷＝東邦印刷工業所

ISBN978-4-901095-96-9　C0340

刊行のことば

愛知大学は、戦前上海に設立された東亜同文書院大学などをベースにして、一九四六年に「国際人の養成」と「地域文化への貢献」を建学精神にかかげて開学した。その建学精神の一方の趣旨を実践するため、一九五一年に綜合郷土研究所が設立されたのである。

以来、当研究所では歴史・地理・社会・民俗・文学・自然科学などの各分野からこの地域を研究し、同時に東海地方の資史料を収集してきた。その成果は、紀要や研究叢書として発表し、あわせて資料叢書を発行したり講演会やシンポジウムなどを開催して地域文化の発展に寄与する努力をしてきた。今回、こうした事業に加え、所員の従来の研究成果をできる限りやさしい表現で解説するブックレットを発行することにした。

二十一世紀を迎えた現在、各種のマスメディアが急速に発達しつつある。しかし活字を主体とした出版物こそが、ものの本質を熟考し、またそれを社会へ訴える最適な手段であると信じている。当研究所から生まれる一冊一冊のブックレットが、読者の知的冒険心をかきたてる糧になれば幸いである。

愛知大学綜合郷土研究所